快读慢活

陪 伴 女 性 终 身 成 长

家的整理

拯救人生的整理法则

［日］井田典子 著

曾妙妙 译

江苏凤凰文艺出版社
JIANGSU PHOENIX LITERATURE AND
ART PUBLISHING

前言

我的祖辈在地方上是极具声望的大家族，平日里经常有人来家里做客送礼。因此，虽然老家的房子面积还算比较大，但堆放的东西也比较多。年幼的我深深地感受到物品的收纳与整理不是一件易事，于是在心里对未来有了一个模糊的规划："将来我自己的家，一定要是清清爽爽的，哪怕只是一个小小的家。"

结婚后，我搬到了离老家很远的地方，虽然会感到有些寂寞，但同时也充满了期待，期待属于自己的未来幸福之家。然而，结婚后我一直没能怀上孩子，也接受了不孕治疗。就在治疗一直没有成效，自己都快要放弃的时候，我终于有了第一个孩子。婚后五年终于降临的第一个孩子是那么的可爱，以至于我仍记得自己在日记里写道："老天爷，谢谢你。"

每个孩子都是独一无二的。作为母亲，我愿意为了我的孩子倾尽所有。孩子承载了我们满满的爱与期待，也许他也在拼命努力来回应家人们给予的期望。

我的大儿子茁壮地成长，可自从进入青春期，遇到一些烦心事之后，开始变成一个"不良少年"，我成了"不良少年的家长"。那两年里，我和大儿子鲜少交谈。他每天带着便当出门，日复一日。我不知道他是否去了学校，是否有认真上课。那些等待儿子回家的失落的漫漫长夜，我常常在记录家庭收支，或是在处理家事中度过。

我发现哪怕只是整理一个小小的抽屉，心情都会变得平静下来。整理家，仿佛就是在整理自己的内心。

把看得见的物品整理得井井有条，看不见的内心也不再杂乱。我自己在改变，对待儿子的方式也在一点点地发生变化。

育儿这件事的对象，是人。当然不会总如想象般顺利。但是，当我意识到家务、时间、金钱这些都能按照自己的想法来管理时，我慢慢地从这些事情上找到了来自心灵深处的慰藉。

整理好物品，然后归置收纳。并不仅仅是这些，我也在思考如何设计能够让整理变得更加便利的活动路线，以及让物品不那么容易凌乱的摆放顺序。我会把对于家事的思考以及实践心得，在我所在的"友之会"家庭主妇小社团中进行分享。渐渐地，一些机构邀请我去做演讲，一些朋友也会邀请我去他们家帮忙整理家务。

我在前年取得了1级整理收纳咨询师的资格认证。这也是因为我的三个孩子都已成年，并且各自有了自己的生活，我才能有自己的时间。在期待着属于我们老两口的二人世界的同时，我也常常在想，希望能够围绕"物品与心灵的整理"这个主题来做点能够帮助到大家的事情。

家庭生活，就是不断地试错。我觉得，这么多年作为一个家庭主妇所摸索出来的生活经验，还是发挥了一些作用。

本书以家务整理的思路为中心，介绍我在"友之会"所学到的关于家务的一些看法，以及我平时的生活方式等。

"舒适的生活方式"，对于每个人来说都各不相同。在人生的舞台上，每一秒都在不断变化。人际关系、工作、育儿等很多事情不会那么顺心，但"家事"可以按照自己的想法来进行，做得越多，结果就越让我们快乐。

当生活让你感到烦闷无助的时候，希望本书能够为你打开新的一扇窗。

CONTENTS 目录

CHAPTER 1

第一章　整理与收纳

CHAPTER 2

第二章　家务

CHAPTER 3

第三章　令人心情舒畅的生活之道

整理与收纳

CHAPTER 1

————————

　　如果把"整理"当作目的,整理家务就会变成一项痛苦的负担。整理,其实是带领我们通向舒适而充实生活的入口。品尝美食、安然入睡、放松身心等平淡的小幸福,在一个杂乱的房间里是很难完成的。要不要试着把嫌麻烦的情绪先放在一边,把"舒适的生活"这个礼物送给今天和明天的自己呢?整理不是一项"负担",而是"美好未来"的铺垫。

我所追求的，是可以随时招待客人的家

我在 23 岁的时候和我先生结婚，然后开始一起生活。我们在东京都与神奈川县的交界处租了一处只有两个房间的老房子，卫生间是汲取式[1]的。但即使是这种条件，在 1983 年的时候，每年的租金也要 4.4 万日元，这对于当时家庭年收入只有 15 万日元的我们小两口来说，除去房租后，日子过得相当紧张。而东京迪士尼刚好在那一年建成，因此很多老家的亲戚朋友陆陆续续来迪士尼玩的时候，都会到我家来借宿。

当时，我们把一个面积约为 10 平方米、放了两个衣柜的房间作为卧室，把面积约 7 平方米、仅放置了碗柜和矮桌的房间作为客厅，客人来我家的话就只能留宿在客厅。

那时，我在家里开办了一个补习班，进进出出的人非常多，因此即使空间较为狭小，我也会尽可能地有效使用每一寸面积，这种习惯似乎已经成为我的生活准则。

后来，我们有了孩子，又搬了三次家。现在我们住的是日本泡沫经济期结束后购置的独栋房屋。一直到不久前我都还在经营少儿补习班，因此一楼的客厅、餐厅、厨房与和式房间平时都是开放使用的。

由于厨房也是开放式的布局，所以我们家的一楼就是一个"公共空间"，需要让每一寸空间都发挥最大效用。

---

1 汲取式为便所处理粪便方式中的一种，相对于"水洗式"，汲取式的粪便直接沉积在底部，需通过人力定期清理，清洁性和舒适性较差，多为蹲便。——译者注

室内的布置，有以下五个要点：

① 不要增加可有可无的垫子等（让地板尽可能地露出来）；

② 正面墙面视线以上的部分尽量不要浪费（制造留白的感觉）；

③ 尽可能把桌面和柜面收拾整洁（露出桌面）；

④ 书架和玩具箱等尽可能地放在门口侧面或背面（尽量保持色彩谐调）；

⑤ 在房间里设置一个角落，专门摆放孩子们手工制作的作品（精心挑选作品，让孩子们体会欣赏的快乐）。

"不要让人感到目不暇接。"也就是说，制造一些留白，让眼睛能够小憩，这是空间布置中十分重要的。

由于一楼是学生们经常出入的地方，我让我的家人也一起配合，调整了一些习惯。"客厅和餐厅的地上不放置多余物品""吃完饭擦完桌子以后，桌子上不放置任何物品"等，都是一些很小的规则，但只要执行起来，家里的舒适感就会截然不同。孩子们白天会在客厅学习或者玩耍，但只要是补习班有课，孩子们就会把各自的物品带回自己的房间，自然而然地养成有效使用房屋空间的好习惯，还能学会整理收纳自己的物品。

LAYOUT（布局）

一楼包括面积共计 16 平方米的客厅、餐厅与厨房，10 平方米的和式房间，以及后来增建的阳光房。二楼的三间西式房间是儿童房。四室两厅共计 86 平方米的面积并不宽裕，但我尽力有效利用每一寸空间。

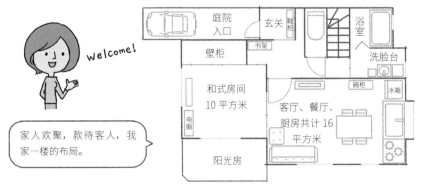

welcome!

家人欢聚，款待客人，我家一楼的布局。

3

LIVING & DINING ROOM（客厅与餐厅）

作为一个带有社交功能的场所，我将客厅、餐厅与厨房布置成客人一进门就能将整个布局尽收眼底的样子。自然而然地便不会增加多余的物品，也不会在地板上铺置地垫。帮朋友收拾屋子时整理出来一套闲置的餐桌椅，我拿回来放在家里使用。

KITCHEN（厨房）

水槽旁边就是冰箱、碗柜和餐桌，因此人的活动路线非常紧凑。一览无余的布局，能让人养成带着适当的紧迫感来收拾的习惯。

为了让烹饪和准备工作更加方便，水槽的周围一般都是空出来的。标签颜色迥异或较为繁杂的物品都放到白色的容器里，或者收纳到篮子里，而不是随意地直接放在桌上。

ENTRANCE（玄关）

打开大门时映入眼帘的景象，决定了别人
对这个家的整体印象。我尽量不让各种凌
乱的物品暴露在外面。

虽然看起来好像什么都没摆放，其实在玄关处需要用到的东西，
都收纳在鞋柜的五个抽屉里。鞋柜上方不放置物品，作为回到家
拆快递时的工作台使用。

SUN ROOM（阳光房）

天晴的时候我会在阳光房喝喝茶，先生会
在这儿睡午觉。打开大玻璃窗，采光和通
风都非常好，冬夏皆宜。

给闲置的和式衣柜的抽屉装上轮子，用于
收纳玩具。我特意布置成这样，方便三岁
的孙子过来玩的时候，能够自己直接取出
想要的玩具。

JAPANESE ROOM（和式房间）

铺有榻榻米的和式房间有一个优点，就是即使来客稍微多一点，也能够住得下。这个和式房间也会作为需要用电脑工作时的书房、瑜伽房或者儿童游戏房来使用。地上少放置一点儿物品的话，房间就能发挥更多功能。

电脑桌

这个桌子乍一看并不像电脑桌，这一点我非常喜欢。将路由器、打印机等带线的周边设备收纳在一起，关上柜门就变得非常清爽。

壁柜

我们对壁柜的区域进行了划分，上层右边放置常用物品，下层右边放置相册集等。左下方空出来以备不时之需，比如来客人时，供客人放置行李等。

即使不能提供多么特别的款待，我们家也总是保持着随时可以招待客人的状态。我想以这样的家为目标，打造清爽愉悦的生活。

生活是琐碎细节的堆积。有时太忙了，或者太累了，我和家人也会没有余力去整理。这时候，一想到"我好不容易收拾好的又乱了"就会变得烦躁，然后变得讨厌这样的自己。

总是追求理想的状态，往往会使自己变得很痛苦。所以，我们可以试着改变一下思考方式。

不是一味地追求"永远不会变乱的家"，而是让家"即使变乱了，也能够重回原样"。多余的物品是造成家里凌乱的一个重要因素，这就需要我们精心挑选摆放的物品，控制物品的数量。进一步地确定每个物品放置的场所，尽可能地减少收拾的时候想不起来某个物品放置在什么地方的烦恼。也就是说，我希望在日常生活中创造一个"能够轻松维持整洁"的秩序，并且保证每个家庭成员都知道如何去执行。

我们从早上醒来到晚上入睡的这段时间，多多少少都会接触到家务。我们对于吃饭、泡澡、去卫生间等这些日常的事情习以为常，而为什么一到做家务，就会觉得像苦行僧一样痛苦呢？并且，如果家人之间没有平衡好家务分担的话，经常会觉得不公平，觉得"为什么家务都要我来做"等。

不要把家务当作敌对面，我更希望把家务当成一个伙伴，是它支持着现在的我，这样想的话就能够稍微减轻自己的压力。在我每日的生活中，我一直都在思考，如何把家务中大家都最爱拖延的"整理"这一部分，变得更轻松一点。

WASHROOM（洗手间）

洗脸台的清洁感是最重要的，因此用白色作为底色。毛巾和浴室用品都不直接放在外面，收纳在洗脸台下方或旁边的柜子里。

BATHROOM（浴室）

浴室只放置洗发水和共用的沐浴液等瓶状生活用品，每个人的私人用品在需要时自己带过来，从而防止放置在外引起发霉或变质。

BEDROOM（卧室）

现在，我的三个孩子都已各自独立，二楼终于有一间房变成我们夫妻俩的卧室，可以放床了。把窗帘改成卷帘式的，收拾起来轻松多了，看起来也更加清爽。

"范围的划定"，是一切的开始

"为自己的生活划定一个范围。"—— 听到这句话，脑子里浮现出来的也许是被约束而不自由的生活。

而事实正好相反。

物品、空间、金钱、时间、体力、资源，这些都是有限的。

划定一个范围，仅依靠范围内的物品生活，恰恰明确了对自己和家人来说什么是最重要的。只有舍弃不必要的物品，才能充实而满足地生活。

在当今社会，物品获取成本越来越低，丰富而诱人的广告宣传令人眼花缭乱。我们在不知不觉间就购入了很多原本并不需要的东西。

这些东西究竟是不是必需品？我们的内心深处是不是真的想拥有它们？我们从未认真地思考这些问题，就过上了被消费过剩挤压得喘不过气来的生活。

我们现在所拥有的物品、空间、金钱……这些东西的"量"，与我们自身以及房子的容量相比，是匹配的吗？

如果有一把生活的刻度尺，我们就能够进行判断了。

比如，以收纳为例，如果有人对你说"全都交给你了，你想怎么弄就怎么弄"，一瞬间可能感觉非常自由，但下一秒可能就会觉得不知所措。

但是，如果有人对你说"你可以按自己的喜好随意摆放，但是物品的数量不能超过这个柜子能够收纳的量"，感觉怎么样呢？从众多的必要物品和心仪物品中进行挑选，让大脑和心灵都充分运转，是能够感受快乐、体现创意的过程。

正因为有限制的存在，我们才能体会到自由的快乐。

不爱收拾屋子的人，先试着确定一个"范围"吧。

壁柜、抽屉等空间都是有限的。"食物的库存不能超过食品柜能够储存的容量"，"书籍的量不能超过这个柜子能够放置的空间"……只要划定了范围，之后再如何处理，都可以根据自己的喜好来。乐趣和创意就从这里产生。

在划定收纳的"范围"时，大家可以试试"近、简、便"的思考方式。

"近"，就是在收纳时，要注意平时常用的物品要尽量放在容易拿取的地方。

"简"，就是"简单"。拆除物品的封皮、外包装等，收纳起来就能够更加精简。

"便"，就是"方便"。收纳时，要尽量考虑到物品易放易取，这样物品放在哪儿和怎么放就会非常清楚，收纳也会变得更加简单。

不仅仅是收纳，"范围的划定"还适用于很多其他的事情。总感觉时间不够用，是不是因为在生活中没有有意识地对时间进行分配呢？钱不够花，也许是因为没有制定预算？

"范围"意识，能够让生活变得井然有序。

这里放置的是家里所有的书
走廊的角落里只放置一个书架。最上面一层放的是我先生的书，下面两层放的是我的书。最下面带柜门的两层用于放置使用说明书等文件和杂志。

把菜谱剪贴成册
收集再多的菜谱，不去做的话也没有意义。只收藏"尝试做过一次发现挺好吃"的菜谱的话，就能制作成一本最实用的菜谱书。

刀叉餐具的数量控制在格子能够容纳的数量之内
包括客人用的餐具在内的所有刀叉餐具都收纳在一个抽屉里。一个小格子里只放置一种餐具，这样家人也能做到心里有数，数量的控制也比较方便。

控制收纳用品的数量

去别人家帮忙整理的时候，每次对方问我需要准备什么收纳用品时，我都会回答，什么都不需要准备。

因为根据我的经验，每个家庭都一样，只要清查一下，就会发现多余的收纳用品。

很多家庭由于没有地方放置收纳箱，就把收纳箱摆在房间里很显眼的地方。但是收纳箱原本应该用于壁柜和衣柜里，现在额外占用了面积，导致家里的布局变得局促不便，这是本末倒置的。

如果壁柜已经塞得满满的，放不下其他东西了，我们可以反思一下，里面是不是包含了一些完全没有用过或者毫无价值的东西。不断重复地进行选择和取舍，一定能够让壁柜或者衣柜达到放置适量物品的状态。

挑选出必需品，然后把它们放置到家里本来就具备的收纳空间里，如壁柜、步入式衣柜、嵌入式柜橱、抽屉等。重新审视家里的布局，只收纳能够容纳的量的物品。那些放不下的东西，可能原本就不是生活必需品。

不花一分钱，就能获得舒适的生活空间，与家人共享愉快生活。

在我看来，整理，就是魔法一般的免费翻新。

用牛奶盒制作收纳格子

把厨房用具和衣服等收进抽屉时，可以巧妙运用牛奶盒制作的收纳格子。污渍能够轻易擦除，弄坏了重新做一个也非常简单。按照图示将牛奶盒剪切再拼接，根据所需大小用订书机固定好。

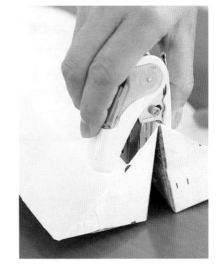

①剪掉牛奶盒的倒出口。

②沿着竖边和底部对角线剪开。

③翻折。

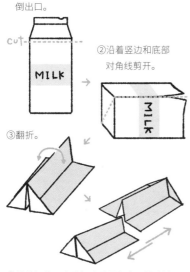

④将剪好的两个牛奶盒重叠起来，滑动并找到合适的长度和位置，用订书机固定。

自制根菜[1]储藏盒

取 2 个塑料瓶（选用容量为 2 升的瓶子），把其中一个的瓶颈切除，余下部分作为容器。另一个在瓶底往上 7~8 厘米的地方切开，作为盖子。存放大葱的话在下面垫一层厨房纸，存放牛蒡的话稍微盛一点水，这样能够存放更久。

将冬天的被褥收纳到行李箱中

直接放置的话又大又重，可以把占地方的羽绒被褥真空压缩之后，收纳到大行李箱中。这样能够节约空间。

不再准备贺卡专用文件夹

把贺卡收纳到专门的袋子里，放进、拿出都比较麻烦，而如果整理在一起用胶带固定成一本册子，无论是想要翻开回顾一遍还是清理掉都非常方便。按照 50 音[1] 的顺序排列的话，还能发挥花名册的作用。以家族为单位分别制作，存放在书架上。

1　构成日语单词的基本假名，类似于中文中的拼音。——译者注

不囤货

尽量不囤积库存。不管是烹饪调味品还是消耗品，保持当下够用的库存即可。用完了再购置新品，用新购置的物品来填充空出来的空间，以此循环。

因此，基本上没有必要专门准备放置库存物品的空间。罐头、意大利面等耐储存的食材保存在厨房储藏柜的抽屉里，调味品和保鲜膜等尽量不要囤积。听到我这么说，大家可能会很惊讶，万一哪天用完了岂不是很麻烦？其实，当今社会采购变得如此便利，绝大部分物品都可以在附近的商店里或网上购物平台采购到。把附近的商店当作自己家囤货的储藏室，这种想法是不是也挺不错的呢？

如果要把主妇与物品的关系比作什么的话，那就是棒球队的领队和队员的关系，这么想可能比较容易理解。如果要一个不漏地管理那么多队员，保证每个队员都能上场比赛，领队肯定会很累。只有精心选拔出能够参加比赛的正式队员，才能完成一场精彩的比赛。物品对于我们的生活而言，也是如此。

东西太多，就需要花费更多的精力去管理，需要承担不用的话就浪费了的压力，以及东西都没用得上的内疚心情。比起这样，还不如享受每一个东西都物尽其用的快乐，这样的生活会更加畅快。

调味品的数量不超过一个抽屉的容量

把酱油、料酒等液体调味品集中放在灶台下方的抽屉里。将这些调味品组合使用，能够调出大部分的味道。

再便宜也不要大批量采购

平时用的洗发水和护发素都是快用完的时候再采购。我们经常看到大容量的洗发水和护发素一起成套销售，但其实往往是洗发水用得快，护发素用得慢，剩下的没用完的护发素就留了下来。把东西囤在家里，是会产生成本的。每一寸空间都承载着相应的租金，以及固定资产税等。购买时看起来好像更划算，其实并不一定。

蔬菜存放室每隔三天就清空一次

蔬菜买回来之后，新鲜度每一天都在流失。无论多便宜，吃不完的东西，就是无用库存，因此采购三日份的蔬菜即可。

冰箱只用来暂时存放

冰箱不是"储藏室"，而是暂时存放食材的地方。不要养成总是把冰箱塞得满满的习惯。在采购食材之前，我家的冰箱就是这么空的。

用瓶子替代袋子
把干货放到空咖啡瓶里，取用、放置都非常方便。剩余量也能够一目了然。

对于食材，也只保持必要的量
大米、面粉等都以固定的量储存在固定的位置。由于干货容易变味、生虫，对家里干货的余量需要做到心中有数。尽量放在固定的位置，即使自己不在家，家人也能够很容易找到。

在家中制造更多"平面"

很多年前有一本讲收纳之道的书，当时，为了参考其中关于收纳、室内装饰的内容，我也买了一本。比起清爽，当时反而以整齐而充实为主流，故很多家庭纷纷效仿。仿佛大家都在比拼，各自能在狭小的空间里严丝合缝地塞下多少东西。

当时这种风格的收纳非常受欢迎，也许是因为读者正好也有这方面的需求。如今我作为整理收纳咨询师，去客户家里的时候，也经常能够看到家里还留存着这种收纳风格的痕迹。甚至有的朋友觉得不把空间塞得满满的，心里总觉得少了点什么。

对于舒适的空间，虽然每个人都有自己的看法，但是在我看来，最治愈的场所，就是不放置过多物品的空间。

不放置过多物品的"留白"。

不堆积过多物品的"平面"。

对于那些总想随手放点东西的地方，要强迫自己不去堆放任何东西。

欣赏清爽不冗杂的布置，本身就是一种享受。

家里的平面本来就不应该是堆积物品的地方，而是便于我们进行一些活动的场所。如果平面上不再堆积物品，我们的日常生活也会更加方便。当我们想在餐桌上吃饭、工作、学习的时候，如果餐桌上堆满了物品，我们的精神也无法集中。保持平面的清爽、整洁，就是为了我们能在家里活动自如。

清爽的平面，仅仅是看着舒服，心情也会随之平静。家里的桌面等平面是否整洁、清爽，直接影响着我们每天的心情。

在每天的生活中，视觉所获取的信息对我们的影响，远远比我们想象的还要大。看着乱糟糟的家，心情也会变得沉闷。

餐桌、厨房的台面、柜子上方，可以尝试着把这些地方堆积的冗杂的物品挪开。比如，每次吃完饭，都养成把餐桌收拾整洁的习惯，慢慢地，以后东西再乱堆，就会让自己觉得心里不安。

我所在的"友之会"的创立者羽仁女士，早在90年前就提出"固定每一个物品的归置场所"这个概念。每一个家庭成员在用完东西之后，都要把东西放回固定的位置，这种习惯和训练是很重要的。

用房间里物品的"水平线"，衡量出内心的"平面"。

那些眼睛能够捕捉到的东西，以及深藏在内心的东西，其实是相通的。

鞋柜是个工作台

鞋柜上方是个多功能工作台,所以需要一直保持空置状态。这样就可以分拣收到的包裹,或是在出门时整理必备品。

移开阻碍视线的物品

洗碗海绵、刷子等放到水槽靠外的一侧,这样就不会影响厨房的整体美观。我在水槽上放置了带洗盘的网架。

控制住随手乱放东西的习惯

收纳箱上方是非常容易随手放置物品的地方。但是,一定要把这片空间空出来,使其能够通风,这样擦拭起来也非常方便。

成为整理达人，就要告别"拖延症"

乱糟糟的家，会带来很多困扰。

首先，容易忘记要找的东西放在哪儿，这样就会浪费很多时间去翻箱倒柜地寻找。明明家里有某样东西，因为找不到了，就会重新花钱去买新的。随手放置的东西越堆越多，不知不觉就落满了灰尘，打扫起来也非常麻烦……这些令人烦躁的负面循环时有发生。卫生方面没有做好，心理上也会产生自己没有好好收拾房间的压力。

如果要说怎样才能成为整理达人，我认为就是要对当下的状况做出反应，不拖延。清理掉不需要的广告传单，处理买回来的食材，把洗好的衣服收进来……这些事情一旦遇上拖延症，就会堆积如山。

做饭也好，打扫也好，一到要做点儿什么的时候，总想着还得先收拾一下，就会给自己造成心理压力，不知不觉，对做家务这件事情就会有一种负面感受。如果一开始就做得不顺手，整件事情从头到尾就会消耗很多精力和能量。

比如早上起来做早饭时，如果发现还要先清洗那些堆积已久的餐盘，可能就会感觉心累。保持随时可以开始新的活动的状态，就是为自己补给内心的安宁与活力。

对于那些做事总是半途而废的朋友，请尝试着养成"今日事，今日毕"的习惯。在开展任何一项工作之前，都要预设好在完成这项工作之前的每一个步骤，养成"当场收拾"的好习惯。

慢慢地，习惯成自然，你的房间一定会比现在更加整洁、清爽。

所需的物品在什么地方，一目了然

有时候兴致勃勃地想去做饭时，一打开厨房用具的柜子发现乱七八糟的，会感觉有
点儿坏了兴致。让每一件物品都待在它应该在的地方，这是对自己的小温柔。

筷子一般都放在哪儿？可能很多家庭都把筷子放在灶台旁边的筷子筒里。我家的
习惯是尽量不在灶台旁边放东西，因此通常都把筷子收纳在橱柜下方的抽屉里。
用双面胶把不要了的筷子盒的盖子粘贴在抽屉靠外的一侧，用于收纳筷子。由于
是横向放置于抽屉最外侧的，只要稍微拉开抽屉，就能方便地取用。

在哪里使用，就归置在哪里

生活中，我们总是会不断地取用物品，归置物品。如果不规划好把"什么"放在"哪里"，放"多少"的话，东西可能就乱得哪儿都塞不下。

要打造一个整洁的家，其中一条法则就是，在哪里使用这个物品，就把它归置在附近，尽可能地让取用和归置更轻松。比如每次要打扫的时候，都需要跑遍整个家去备齐打扫工具和洗涤剂等，就是浪费时间和精力。

从主妇的角度来考虑，如果能在厨房旁边留出一个属于主妇的空间，就能缩短主妇在家里的活动路线。作为一个家庭主妇，每天待得最久的地方就是厨房周围。尽量把日常用到的物品都归置在餐桌附近，让记录家庭收支、翻阅资料等这些家庭内部的事务性工作能够在餐桌完成，能够显著提高主妇的效率。

我家一直把摆放在餐桌后面的餐具柜中的一个抽屉用来收纳文件和文具。这样一来，想在餐桌上办公或者处理一些事务的时候，就能够很快地取出需要的物品。

找到一个让自己舒适、让物品合适的位置，是最重要的。不要认为餐具柜就只能放餐具，不能被这种固定思维束缚。

定式思维，往往否定了让生活更舒适的可能。

从"一个小小的抽屉"开始

我们在日常生活中，其实很难拥有专门的整理时间。因为绝大多数时候，我们都会有别的想做的事情。总想着等有时间了再收拾，东西只会不断堆积，回过头来，才发现家里已经非常杂乱拥挤了。

我去别人家帮忙整理的时候，经常听到对方说："总想着找时间再收拾就先堆在一边了，而意识到的时候，才发现已经搁置了十年。"这种感叹总是不绝于耳。

如果不有意识地去处置、整理物品，这些东西就会像失控的洪水一样涌入家里的每个角落，占据我们的生活空间。更可怕的是，我们习惯了这种洪水状态。甚至有的人对于家里杂乱的状态已经不知不觉地放弃了抵抗，把自己的家当成了"垃圾屋"。

为了避免发生这种情况，我们需要让自己动手去做，哪怕是小小的一片空间也没有关系。如果要把整个家都收拾一遍，这种豪情壮志往往很快

针对容易凌乱的药箱的整理法
用马克笔在盖子上写上每种药的名字，这样一打开抽屉就很便捷地拿到自己的目标物品。另外，将内服药和外用药进行明确的分门别类，也会给自己的生活带来更多便利。

就会被疲累所磨灭，但是如果只是收拾小小的一个抽屉，就比较容易着手开始了。即使最开始整理的只是一个小小的空间，但如果能够踏踏实实地坚持下去，回过头来就会发现家里已经十分整洁了。

整理的话，我推荐从厨房入手。厨房里的物品，用途都非常明确，物品的甄选和整理也比较容易。并且对于家庭主妇来说，厨房是每天都会多次使用的场所，因此把厨房收拾整洁的成就感也会特别强烈。

洗脸台周围很容易摆放很多零碎的物品，因此我也推荐从洗脸台入手。至于小孩子的话，可以让他试试从收拾一个小小的玩具箱开始。

小小的抽屉，小小的隔间。不论多小的空间，只要是通过今天的整理，能够带给我们比昨天更多的舒适感，我们就能体会到满满的成就感。生活是可以靠自己的双手来雕琢的，只要我们认识到生活是可以不断优化的，对下一次的收纳整理就会充满干劲，从而迎来不断的良性循环。

根据"取、分、减、收"的规则来整理
整理最基本的规则就是"取、分、减、收"。
只要遵循这四个规则，每个人都能成为整理达人，所以请一定要掌握。

把里面的东西全都取出来	按照不同类别分开	根据需要适当地减少物品数量	放入隔间收纳起来

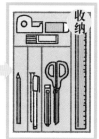

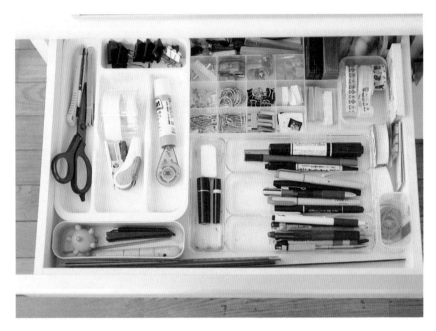

确定物品数量和收纳位置

由于文具库存太多，抽屉经常变得像仓库一样。控制数量，让每一个收纳小隔间都能够尽收眼底，就会让人感觉找东西不再是麻烦事，心情也会变得轻松。并且，固定收纳位置，就不会再出现东西乱扔的情况。每一个家庭成员闭着眼睛都能找到这些东西，这就是最理想的收纳。

加速物品的"代谢"

文具、杂货、衣服、家具，都变得越来越便宜。一方面，能用更便宜的价格买到心仪的东西是一件很好的事，但是另一方面，我们的购物行为也变得越来越麻木。没有深思熟虑，内心也不再产生罪恶感，随手就把想要的东西带回家。然而，就算是一个小小的杂货，一旦把它买回家了，它不会像食物一样腐坏，如果没有人处置掉，就永远不会自己消失。

只要以扔掉太可惜了为借口来安慰自己，这些物品就会一直占据一方空间，不知不觉给整个家带来压迫感。

再宝贝的东西，一旦我们狠不下心来处理它，草草塞到抽屉里，这个东西就会变成一个白白占用地方的麻烦。并且，我们每次看到这个东西的时候，就会产生没有物尽其用的罪恶感，给自己徒增烦恼。

为了避免产生这种使用者和物品双方都不愉快的关系，在日常生活中，我们需要有意识地去控制物品的"流入量"不超过"流出量"。

例如，就消耗品来说，在正在使用的东西尚未用尽之前，不要采购新的物品。就杂货和衣服来说，不要轻易为那些只是觉得还不错的东西掏腰包。只要稍微冷静一点儿，让自己从"买买买"的头脑发热状态中清醒过来，就能够意识到，目前这个东西并不是必需品。

对于那些不常使用的东西和没有能够物尽其用的东西，我家的习惯是尽早处理掉。利用跳蚤市场和回收商店，把这些东西转让给真正需要它们的人，对物品来说也是开启了它们的第二次人生。在我看来，不是不需要了所以扔掉，而是为这个物品找到最适合它的地方。

通过这种方式加速物品的"代谢"，我们也能够逃离"扔掉太可惜了"的魔咒。狠下心来清理掉一些物品，也能为以后购置的新物品腾出空间。当然，以后新购置的物品，也会是我们经过仔细甄选的真正需要的物品。

然后我们就会惊喜地发现，我们的物欲也在渐渐减退。

比起用物品来填满内心的空虚，我们会更愿意去欣赏美好的景色、去体验新的事物——去别人家帮忙整理时，我可以明显地感受到那个客户的状态的变化。

看起来好像是我们拥有对物品的支配权，其实是我们在被物品所支配。

因为我们常常会觉得自己承担着必须管理好这些物品的义务。

如果控制日常生活中物品的数量，只保留那些管理起来让自己感到游刃有余的物品，心里就会轻松不少，家庭成员之间的关系也会得到改善。

家的整理，能够让我们体会到有序的生活所带来的自由。

休闲放松的场所，避免干扰
如果眼睛需要获取的信息过多，人就很容易头疼心累。视觉抓取的信息会直接影响到人的情绪。为了让家人能够放松身心，需要注意控制物品的颜色。

把容易积攒在一起的传单进行回收
把确定不需要的传单直接放到玄关
的回收箱里。一部分放到厨房的抽
屉里，用于包裹厨余垃圾。

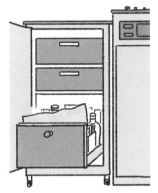

扔还是不扔呢？孩子
不断成长，东西也越
来越多。

把孩子不能穿的衣服送给三年级以
下的孩子
三年级以下的孩子，基本一年一个
样，衣服基本也只能穿一两年。但
衣服却还有七八成新，孩子已经穿
不上了，直接扔掉又十分可惜。如
果能送给可以穿上的孩子，是非常
有效的再利用方式。

明确房间的用途

如果不知道从哪里开始整理，可以从考虑"想在这个地方做什么"开始。

明确了房间的用途，房间所需要的物品和数量就很清晰了。

就如同卧室是用来睡觉的，厨房是用来烹饪菜肴的，每个房间都发挥着自己的功能。如果混淆了房间的功能，我们的生活节奏也很容易被打乱。把抽屉放不下的衣服堆在客厅的沙发上，没有睡觉的空间就把被子铺在走廊上，这样的家庭生活节奏很容易紊乱。我去别人家帮忙整理收纳的时候，一进到玄关的一瞬间，就觉得这家人的生活实在需要改善。如果感觉家里通风不好，总觉得家里空气浑浊，这就是家里各个区域功能已经混乱的信号。

如果家里已经凌乱到看不清原本的轮廓，可以重新回顾一下房子的构造图。了解了家的构造，也就能够更好地把握每一块区域应该发挥的功能。尤其客厅是供家人聚集在一起度过一天中较长时光的场所，如果客厅能够保持整洁，家庭成员的生活节奏也会更加和谐。休闲、吃饭、学习等，明确房间的用途，为每一个房间配置与用途相对应的必需品。

留出桌子上方和下方的空间
只要在桌面上方或者桌子下方放了一个东西，就会习惯性地堆积越来越多的东西。什么都不放的话，移动桌子也好，打扫也好，都会更加方便。

不放、不铺、不堆积

为防止家里凌乱，可遵循"三不"法则。

① 不在地上放东西。

尤其是在"门"的旁边，不要随意堆放东西。在壁柜、衣柜、抽屉前随手放点儿东西，这些家具的开关就变得不方便，然后干脆就一直保持关闭状态，最终导致这些家具变成堆满闲置物品的"地狱"。

② 不在地上铺东西。

过去为了保持洁净，常常会在厨房、玄关、卫生间铺上地垫，然而这些地垫在家里的存在感意外地强烈，什么时候去清洗地垫也成了主妇们伤脑筋的事情。我干脆尝试不在地上铺任何垫子。这样的话，地上哪怕是掉了一根头发也非常明显，反而能够督促我更加勤快地打扫卫生。我渐渐发现，那些铺了地垫的地方，反而更容易藏污纳垢。

③ 不堆积东西。

以餐桌的一角为例，我们经常想着一会儿要看报纸，就把报纸扔在桌上，然后又随手把其他的印刷品、遥控器等堆在桌上……这样一件一件地堆积起来，还产生一种仿佛把桌子整理得一丝不苟的错觉。然后事实上，堆积物品，就是拖着不去合理地归置物品的一种行为，最终得到的结果，往往是成堆的闲置品。餐厅是一家人放松身心的场所，因此每次吃完饭最好都及时收拾餐桌，让物品回归原位，让每一个家庭成员都意识到什么都不放才是正常状态。

从每一个小小的"不方便"中，
找到提升生活品质的整理法则

东西放在哪儿，家务怎么做，都没有"绝对"二字。孩子会面临升学、工作、结婚等人生的转折，家庭成员的人数、生活方式也都在发生变化，因此需要我们不断地去探索适合家庭现状的整理法则。

优化生活方式的灵感，往往来源于"有点麻烦""不太好用"这些生活中小小的不方便。可能在平日的生活中自己都察觉不到，但是不知不觉就让自己的心情变得郁闷。

比如，我家从来不用浴巾。因为浴巾会增加清洗的负担，晾干也比较花时间。我们用长的运动毛巾来替代。因为运动毛巾较为轻便，可以收纳在洗脸台柜子下的窄抽屉里。

抛弃"洗完澡就应该用浴巾擦身体"这种定式思维，洗澡和洗衣服都会变得更加轻松。

我家也不在厨房里的水槽里放过滤网。过滤网的存在会让蔬菜的碎叶被水浸湿，反而容易变得不干净，增加收拾的负担。我每次都会用大盘子把厨余垃圾装起来倒进院子的混合肥料里，或者用广告传单把厨余垃圾包裹起来扔掉。

另外，我家最不会使用的物品就是除臭剂。我从来不会在冰箱里放除臭剂。气味是一个重要的信号。只要保持清洁，就不会产生难闻的异味。

说到冰箱，很多家庭都会在冰箱门上贴一些令人眼花缭乱的冰箱磁贴，有的用来贴孩子的课程表，有的用来贴收据等小纸条。虽然由于空间有限，这样处理会比较方便，但是每次看到贴满了磁贴的冰箱，不免会觉得太扎眼。再加上磁贴会一点一点地错位，导致冰箱门开起来也不方便。实在想贴的东西，可以贴在侧面，或者固定贴在软木板上。

厨房作为每天都高频率使用的场所，也是经常容易发现生活中的"不方便"的地方。就我个人来说，我常常在思考如何解决厨房太狭小的问题。比如烤鱼盘、烤箱，在不用的时候，也可以用来收纳物品。可以把那些一直晾在外面比较影响整体美观的物品，以及占地方的物品收纳进去。烤箱不用的时候，可以发挥常温储藏室的功能。

把生活中不方便的小细节变得更方便，就是朝理想生活迈进的一小步。

意想不到的收纳空间
烤鱼盘在不用的时候，就作为一个小小的收纳空间来使用。不想让厨房里的隔热手套和烤箱钳直接露在外面，就收纳到烤鱼盘里。

让隔热手套更好用

用市面上卖的隔热手套抓锅把手的时候感觉不太好抓,我试着把一端缝合在一起让它变得立体,更贴合锅把手的形状,使用起来就更方便了。

告诉孩子把东西放回原处

很多父母都希望孩子能够做到勤于整理。但是现实生活中，孩子们每天都是乱扔东西的状态。父母们也常常因此对孩子发火。

但是，如果只是告诉孩子"自己收拾好"，往往成效不佳。因为对于孩子来说，"收拾"这个词是个过于模糊的概念，会让小小的他们感到费解。

那么，父母应该怎么说呢？

我经常对我客户的孩子说："放回原处哦。"有些孩子理解不了"自己收拾好"的意思，但是听到"要放回原处"这句话时，会努力地去回想这个东西最开始是放在哪里的。在孩子行动起来把东西放回原处的过程中，就慢慢地明白了"放回原处"等于"收拾"。

有时候孩子玩耍时，会把玩具摆满整个房子。当然这是很正常的情况，如果能养成玩到傍晚结束时和父母一起收拾的好习惯，也是非常好的。但是，有一些家庭在收拾的时候，没有进行任何规划和区分，把东西都胡乱混在一起。这不是"整理"，而仅仅是把东西堆积在一起。

我曾经去一个孩子在上小学的客户家里帮忙整理，发现他们家客厅的角落里，大大小小的纸袋堆得特别高。我感到很惊讶，问女主人："这么多纸袋子，里面都装了些什么呢？"女主人告诉我，每次吃饭的时候，她都会把桌子上或者是脚边散落的东西先一股脑地装进纸袋里。虽然女主人说打算之后再好好收拾，但是很显然，这些纸袋就一直原封不动地被忘记在角落里。当然，到处找东西也是这家人的常态。

对于这种情形，我的解决办法是"让孩子自己把自己的东西放回原处"。把在幼儿园或者学校用的东西和在家用的东西分开，和孩子一起决定归置在哪里。这样的话，吃饭之前孩子会把自己的东西收拾好，妈妈就能专心收拾其他的东西了。

为了让孩子能够更快适应把东西放回原处的过程，我们需要在一开始就确定每个东西要放在何处。这时需要注意的是，我们要充分尊重孩子的意见，不要一味地用大人的视角来指点。即使有时候我们觉得"这里明明可以再多放点东西"，或者"明明放在这里更方便拿"，但是孩子有他自己的想法，就算大人在当下把自己的想法强加给孩子了，这种收纳方法在孩子身上也是不会长久的。

最重要的一点是，要让孩子亲身体会到，用自己的双手把物品归回原位，让一切变得井井有条的那种畅快的感觉。孩子会发现"收拾"不是痛苦的负担，而是快乐的游戏，也就会变得越来越喜欢收拾并善于收拾。

除了"放回原处"之外，还有一些鼓励孩子收拾的说法

"玩具车是要放回到哪里来着？"

在玩具箱外面贴上玩具的照片或者插画，这样一来，即使孩子不识字，也能够根据照片或插画把玩具放到适当的地方。

"玩具熊说它也想回自己家了。"

想让孩子在睡觉之前养成把玩具熊或者娃娃放回固定位置的好习惯，可以试试跟孩子说"跟玩具熊说晚安，让它去睡觉吧"。

"按照绘本的身高，让它们乖乖排队吧！"

"把绘本放回原处排列好"，这样说的话就太冷冰冰了。"按照绘本的身高顺序，让它们从左到右排队吧"，这样给出具体的指令，孩子能够更加清楚该如何做出反应。

让家务更轻松的5个小窍门（收纳位置与收纳方式）

① **近处**

在哪里使用物品，就在其附近收纳物品。

② **高度**

把使用频率高的东西，收纳在方便取用的高度。

③ **方便**

收纳在方便拿进拿出的容器里。

④ **竖立排列**

不要让物品水平堆叠，而要让物品竖立排列。

⑤ **传达**

贴上标签，让其他家庭成员也能够心里有数。

> 为每一个物品找到它"心仪"的收纳位置和收纳方式。

为每一天都画上圆满的句号

在做整理工作的时候，我常常希望自己能够帮助客户，在每一天结束、准备睡觉的时候，房子也能够结束一天的凌乱与忙碌，回归到"睡觉之前的家"这种条理分明的状态。

白天的时候东西四处散落，是情有可原的，但是到了要睡觉时，如果东西依然是七零八落的状态，仿佛心情就平静不下来，无法用安稳的睡眠为忙乱的一天画上圆满的句号。明明今天已经要告一段落了，自己却没有做好告别今天去迎接新的一天的准备，很容易变得烦闷、焦躁。

整理物品，也是整理内心。顺心顺意地把物品收纳到合适的位置之后，大脑能够得到休息，心灵也能够有些许放空的时间。节约下来的脑力，可以用在更多有创造性的工作上。我的理想就是能够通过把生活与内心整理得井井有条，来获取更多富余的时间、空间与能量，把它们用在更多对社会有益的事情上。

"睡觉之前的家"这个概念，是我在"友之会"学到的。

为了第二天早上能有一个清爽的开始，在前一天晚上就应该把家里收拾好，为第二天做好准备。羽仁女士是这样诠释这个概念的。怀着对明天满满的期待，为今天画上圆满的句号。

作为一天家务的收尾，可以试着给自己定下这样的习惯。

"决定好明天要穿的衣服。"

"把垃圾都事先放到玄关。"

"在心中计划好明天的早餐吃什么。"

"把鞋子摆好。"

"把第二天要用的包先准备好放到玄关。"

······

这些都可以。

推荐大家在定下自己家的"睡觉之前的家"应该是什么状态之后，写在纸上，和家人分享。每个家庭成员都愿意去实践，那么每天的状态都会变得更加充实。如果孩子们也能养成这样的习惯，必定会成为他们一生的财富。这是只有在家庭环境里能够学到的，活出更丰富的人生的心态。

当然，有时候也会觉得，忙了一天的工作，完全没有精力来做家务。

家务这件事，没有任何人会对你评判、打分。如果因此就自己给自己打低分，对自己过于苛责，只会徒增烦恼。

不妨这样想，如果今天是专注于工作的一天，如果今天是家人健康又欢乐的一天，如果今天是对明天满怀希望的一天，就把今天当作是拿到平均分的一天吧！

每天晚上养成睡觉之前让"家和心都平静下来"的习惯，避免第二天早上一醒来就要面对"负面家务"，这样第二天的生活品质将会截然不同。这些好习惯的日积月累，将会带领我们走向更加美好的人生。

招待客人，让家里更通风

　　我的一位德国朋友说，招待客人的时候，带客人把自己家参观一遍是理所当然的。他认为，把家门打开，就是把心门敞开。然而日语里有一个词叫"客间"，日本人习惯在专门的一个空间招待客人，可见东西方的思维方式有很大差异。

　　如果没有招待客人的习惯，也就没有了被人看到房间内部的紧张感，往往会觉得就放在这儿算了，渐渐地东西也会越堆越多。即使有些东西一直不用，也没有着急扔掉的紧迫感，继而容易陷入堆积东西的恶性循环。慢慢地，墙壁旁和地板上堆满各种各样的物品，不仅不通风，房间的轮廓也会越发模糊。

　　如果想到三天后会有客人来访，那么今天就是打破恶性循环的好契机。越是不擅长收拾的朋友，就越应该定期邀请客人来玩。

　　偶尔也可以用客人的角度来考量一下自己的家。从玄关进来，到了客厅，然后是洗手间，把整个家都边走边观察一遍。物品的放置，人的活动路线……如果能边拍照片边记录，可以做出更加客观的判断。

招待客人，也是让自己放松下来
自己做的面包、沙拉、汤，以及酸奶和果酱。沙拉上浇的调味汁是用等量的酱油、醋、食用油将洋葱片煮沸而成的。客人非常喜欢，冷热皆宜，别具风味。

小小的家所带给我的大大的幸福

　　我们常常会觉得，"家里这么乱是因为面积太小了。家里再大一点儿的话就能够装更多东西，生活就不会这么局促了。"但是面积大的房子，也不一定就全是好的方面。面积大了，相应的，需要操心的事情就多了，也就需要我们在生活中投入更多的精力。

　　迄今为止，我搬过很多次家。每次住的房子都不是很宽敞，而我也越来越感觉到小户型也有小户型的优势。小户型打扫和维护起来都比较方便，能够照顾到家里的每一个角落。

　　当时我们带着三个孩子住在三室一厅的房子里，白天的时候，房间作为儿童房使用，晚上就铺上被褥睡觉。因此，我们把玩具的量控制在壁柜能够容纳的量之内，每次玩完都能够快速整理。也许正因为规定了这样一个有限的范围，孩子们才更能够体会到自由玩耍的快乐。为了尽量节约每一寸地板的面积，我们也养成了不增加可有可无的家具的习惯。

　　小小的家所带给我的，是为了节约空间而花更多心思的创造力、想象力和判断力，这些能力为我现在的工作打好了基础。没住大房子，对我来说可能反而也是幸运的事情。

　　在我去帮别人收拾的时候，有的客户会抱怨说"总觉得一天天地让人感觉不顺畅、很憋屈"，我对此也有同感，主要是以下三点：

　　① 物品过多地堆积在地面上，占据空间所导致的"视觉上的憋屈"；

　　② 到处都是没做完的事情所导致的"时间上的憋屈"；

　　③ 由于经济上的压力而对不明确的未来所抱有的不安导致的"心灵上的憋屈"。

这些烦恼虽然看似互不相关，但实际上是交织在一起的。换言之，如果能够把东西收拾好，时间管理也会有所改观，心情也会变得更加明朗。也就是说，只要消除了一个"憋屈"，其他的"憋屈"也会因为连锁反应而一一消散。没有了"憋屈"，家庭这条小河也会流动得更加欢畅。

不论房子大小，"憋屈"都有可能发生。如果把自己过得不开心的原因归结于房子太小，这就是不切实际的幻想。在小房子里没有找到感知幸福的能力，即使搬到了大房子，也许还是一样。

为了解决日常生活中出现的各种小小的不便而付出的努力，以及抓住小小的幸福的感知能力，生活在面积小的房子里，反而更加能够锻炼出来。

通透的家，往往有着最宜居、最理想的房屋布置。而这和房子的大小完全没有关系。

从"小小的家"开始

郊外的老式两居室的月租高达 4.4 万日元，因此我决定尽量不再添置家具。虽然只有两个房间，但当时家里经常来客人，我可能是在那时养成了尽量不在地板上摆放多余的东西、能够更彻底地整理的习惯。随着家庭成员的增加，我们也逐步搬到了两室一厅、三室一厅、四室两厅的房子里，也一直在想尽办法来最大限度地利用每一寸房间的面积。在壁柜的内侧贴上漂亮的壁纸让孩子们玩过家家的游戏，随着孩子的成长来变换家里的布置，这些都是美好的回忆。

1983 年新婚时的出租屋（两居室）

1987 年~1990 年住的出租公寓（两室一厅）　　　1990 年~1999 年住的保障福利房（三室一厅）

房子面积小，也让我能够顾及生活的点滴

我偶尔也会去一些所谓的"豪宅"帮忙整理。也许由于家里很宽敞，能够自由地摆放任何东西，衣服、餐具、书籍等物品的数量不断膨胀，管理起来也很费力。房子小的话，就能够节约精力，专注于自己所热爱的事情。

只留下"还会再翻看"的回忆

孩子们小时候画的画，制作的手工作品，旅游带回来的纪念品……这些与回忆相关的物品，往往都很难进行处理。

其中最难处理的就是照片了。

一直以来，我家的照片都是贴在有厚厚的封面，可以自由增加底纸的相册里。随着孩子的成长，照片的数量也日益增加，有一天我数了一下，居然已经积攒了41本相册！明明是为了留着以后回顾的，但数量如此庞大的照片，并没有时间和精力去一张一张地回顾。我家这些沉重的相册都尘封在二楼走廊的杂物间里，很少再打开看了。我意识到，这并不是珍惜回忆的行为。

于是，在某个夏天，我花了整整三天时间把所有的照片整理了一遍。甄选的标准是只留下相册里每一页最好的那一张。整理这些照片的过程，仿佛又进行了一趟穿越三十年的时光旅行。剩下的照片，虽然扔掉有些于心不忍，但我还是鼓起勇气做了这件事。

我挑选的新相册是"仲林"品牌容量为360张照片、厚度为5厘米的薄相册。因为我深刻地感受到了处理一个庄重、厚实的相册是非常费劲的事。

夫妻二人的照片和三个孩子的照片分开来，按照时间顺序排列。一本相册收纳5~6年的照片，我家所有的家族合影照片共5本相册，厚度为25厘米。这样的大小很容易收纳在家里任意一个小小的空间里，我们也能随时取出来回味过去的时光。

我为每个孩子另外准备了2本薄薄的相册，把孩子们出生以来的照片制作成文摘版。

　　过去的回忆太过庞大，整理不完之后堆放在家里的某个角落里，反而让人不安心。下定决心挑选出最精彩的一部分保留下来，以后的日子也能够经常翻看，这样心里也能轻松一点。我们已经迎来电子时代，相册的整理工作以后会越来越少，但是"删除回忆"这一动作，还是伴随着勇气和心痛的，因此可能很多人会犹豫不决。

　　我去客户家帮忙整理的时候，有时候会看到那些用于记录回忆的物品多到仿佛挤满了整个房间。一旦要进行处理的时候，客户往往就会把那些信件等资料来回翻看，沉浸在孩子的回忆里面，迟迟不能开始进行甄选。但是，对于处理掉还是留下来，和客户一起思考出一个能够接受的标准，甄选的速度就会一下子快起来。

　　即使处理掉这些家庭回忆的纪念品，家人之间的爱也不会发生任何变化。看到客户能够一点点地接受，心情一点点明朗起来，是我最开心的事。

整理了三十年来的照片
把家人合影的相册（5本）、每个孩子单独的相册、记录夫妻二人一路走来的相册，以及女儿婚礼的相册收纳在壁柜的盒子里。

把家庭合影按年份分类
每一本相册中都添加了年份索引。回忆和老时光交织在一起，每翻看一次就能唤起当年的回忆。

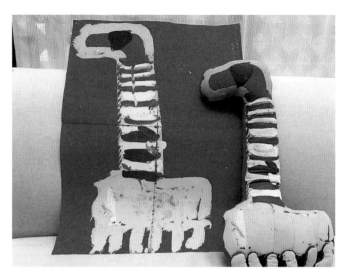

匠心独运的手工艺品
把孩子画的画精心打造成刺绣和玩偶。我永远也忘不了孩子看到时欢喜的表情。

孩子的信件和作品的分类法

我有时候会去各地做一些关于"物品、时间与金钱的整理"的演讲。去演讲时，我除了会带相关的资料之外，还会带上我的三个孩子写的一些信件和制作的一些作品。

对于女性来说，家就像是一座城堡。而孩子的物品，就是小心收藏在这座城堡里的宝物。大家都不太愿意去处理掉这些物品，因此我每次去别人家帮忙整理的时候，都会尽量多多倾听客户的心声，更加慎重地来对待这些物品。

首先，最重要的是处理、收纳标准的制定。如果标准不明确的话，什么都会不忍心处理掉。将来孩子长大成人了，这些东西依然还是把壁柜和抽屉塞得满满当当的。

我家保存重要物品的固定位置，是二楼走廊的杂物间。每个孩子都有一个文件盒，以文件盒的容量为限来归置物品。成绩单和孩子们画的画都放进透明文件夹里。其中包括孩子们从 6 岁开始记录到高中毕业的"零钱记账本"，从中可以看到孩子们当时的喜好以及不同时代的流行趋势，可谓是一种生活记录；还有"成长日记"中记载着那天和谁一起玩了，那天在努力做着什么事情，这也是一种成长记录。孩子们在母亲节和我过生日的时候写给我的信件、自由研究等作品，儿子的棒球比分表等纸质文件，我都将它们整理归档了。

可以留下来的作品的甄选标准就是——让我看到了孩子们的努力的作品。剩下的作品要么直接扔掉，要么先拍摄下来保存电子版之后再扔掉。

对于很多有孩子的家庭来说，孩子的东西往往数量巨大，而父母总是拖延着不去挑选出值得留下的东西。为了避免在忙碌的日常中不小心扔掉了那些记录了成长和爱的重要物品，我们在心里也应该有一个保留下来的标准，并且尽可能地去实践。

有时候朋友来我家玩时会问："家里的闲置物品你都收纳在哪里呢？"那么，到底什么是闲置物品呢？现在没有在使用，预计将来也用不上的东西；一时冲动买下来但实际并没有怎么使用的东西；已经不再使用但没有勇气扔掉的东西。如果闲置物品指的是这些，那么我家可能几乎没有什么闲置物品。

"不要让物品闲置"的意识，"挑选出要保存下来的东西"的意识。有了这两个意识，拥有一个井井有条的家就不再是什么难事。

正如整理孩子的物品这项工作一样，家的整理绝不是杂事，而是教会我们应该如何看待事物的教材。而家，就是我们将教材上的东西付诸实践的研究所。

留下那些能够读出孩子心路历程和成长印记的物品

为每个孩子准备一本文件夹。挑选出小学时代的作文、绘画作品等这些即使水平有限但颇具个性的物品。

孩子写的生日卡片是我的宝物

大女儿送我的生日卡片。当时是孩子的敏感时期，母女之间也产生了一些隔阂。但这张卡片让我感受到了孩子平时不轻易说出口的爱，我会永远保存下来。

出门前留下的"成长日记"，当时的对话值得留作纪念

记录孩子放学路上的零食店、需要帮忙的请求等。从纸上写满的讯息可以看出孩子当时的笔迹，以及无意间流露的内心世界，值得永久收藏。

玄关是连接"私"与"公"的重要位置

　　人和物品，都通过玄关进出。也就是说，玄关是连接"私"与"公"的重要位置，是"家的颜面"。这么一想，就不会再把鞋子横七竖八地摆放在玄关了。不管家的内部多么整洁，只要玄关处脏兮兮的，就会给人一种这家人没有好好收拾家的印象。

　　仔细思考一下平时需要在玄关处做的事情，会发现玄关这个地方意外地有很多"必须要做的事情"。除了穿脱鞋子，还有接收报纸和快递包裹，出门前的准备，整理需要回收的纸类废品等。

　　因此，我花了一些巧思，来保证这些事情能够在玄关处就顺利完成。

　　首先是纸类。

　　每天都会收到很多报纸、邮寄广告、账单等物品，从邮箱里拿出来之后，在脱鞋之前就将其分门别类地整理好。

　　将一些看一眼就知道不需要的广告传单放到鞋柜的"可回收垃圾"的柜子里。对于公共事业费、信用卡明细等装在信封里的文件，只留下收据和明细，用保密印章遮挡住收件人姓名，收到可回收垃圾的柜子里。这样的话，邮箱里的纸类文件的数量就可以减少三分之二。想暂时保存下来的物品，就分门别类地收纳到抽屉或者文件夹里，当积累的东西其厚度高于2厘米时，把其中不要的东西处理掉。此处的要点是，不要什么也不处理就直接堆在那里不管。一直拖延的结果就是重新再看一遍也需要花时间，而且最后经常会忘记要去再看一遍。

接下来是鞋子。

每人最多可以拥有 8 双鞋子。每人可以挑出一双鞋子放在鞋柜外面，不穿的鞋子就收在鞋柜里。

喊着"哎呀，忘带雨伞了""啊，手套没拿"然后跑回去拿。为了避免总是忘记东西放在哪里，我希望把所有需要的物品都提前备齐。因此，我家会挑选出在玄关进行的活动所需要的物品，把这些物品收纳在一个有五层抽屉的柜子里，放在鞋柜旁边。印章、打包用品、园艺用品等物品都一一分类，进行收纳。

现在，我和家人出门之前和回家之后的一系列动作，都可以在玄关直接完成。简直像驾驶舱一样，麻雀虽小，五脏俱全。

一个方便的玄关，能让我们的心情与活动都变得更加轻松愉快。

在玄关要做的事情清单

① 穿鞋、拖鞋、擦鞋
② 雨具管理（雨伞、雨衣）
③ 在镜子前整理、检查穿戴
④ 对邮箱里收到的物品进行分类
⑤ 扔垃圾（把旧报纸、可回收垃圾
　 进行分类）
⑥ 打扫
⑦ 照料玄关门廊旁边的花草
⑧ 资源回收
⑨ 收快递、签字
⑩ 用保密印章遮挡掉收件人姓名

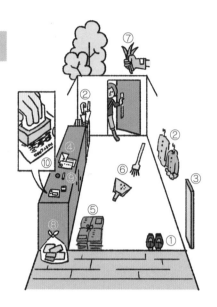

不要偷懒，避免物品堆积成山

广告传单和小册子，在收到之后马上就挑选出不需要的，用放在抽屉里的保密印章遮掉收件人姓名等个人信息之后，直接放到左边鞋柜里的废纸回收箱。拖延是一切杂乱的源头。

非应季的鞋子、
雨靴、
登山靴等

我自己的鞋子

废纸回收箱

长柄伞

收纳三个家庭成员一整年的鞋子

以"每人8双"为标准进行收纳。左边较窄的柜子用于收纳我的鞋子。由于还需要收纳雨伞和旧报纸，所以每个家庭成员的鞋子尽量不超过8双。

我先生的鞋子

大儿子的鞋子

小苏打去味
把打扫时使用的小苏打放入树脂盒中，放置于鞋柜的一角。穿过的鞋子先除湿后再收起来，让鞋柜常通风，就不需要专用的除臭剂了。

把用于废纸整理的零碎工具放在一起
剪刀、打包绳等，处理包裹或回收废纸所需要的工具都放在这里。避免多余的动作，能够更快捷地完成废纸整理。

扫帚不要放在外面
如果把扫帚立在外面，不仅很容易倒，而且扫帚底部容易损坏。在鞋柜门内侧粘一个挂钩，用于收纳扫帚。

收纳鞋刷、园艺工具等
左边是园艺手套、剪刀及除虫喷雾等园艺用品，右边是鞋子的护理用品。

告别拖鞋架
拖鞋架容易沾灰，它的存在也经常让人懒得去打扫地板。因此我家告别了拖鞋架，用一个抽屉来收纳为客人准备的拖鞋。

随身携带外出时可能需要的物品

有时候出门之后到了目的地，发现忘带了什么东西，心情会大打折扣。好不容易出来一趟，为了不破坏兴致，我们往往会临时去商店买来救场，但这样的话既浪费了金钱也浪费了时间。为了避免这种情况发生，在出门前就要未雨绸缪。

所谓未雨绸缪，其实就是把那些外出时一定会用到的东西，提前放在玄关备用。这样的话，出门时只要轻轻松松放到包里即可。

玄关鞋柜的五个抽屉里放置了各种物品，其中包括外出时的必备用品。

首先是环保袋。如果每次买东西的时候都拿一个塑料袋，家里就会积攒太多塑料袋，因此每次购物我都会事先准备大、中、小三个环保袋。说到这里，很多时候我家连一个超市塑料袋都没有。有些商店可能一个塑料袋还需要花 2 日元或 3 日元，实在是浪费。虽然平时我也不常去便利店，但即使便利店能够提供免费的塑料袋，我也不会要，省去回家后处理塑料袋的麻烦。

其次是卷尺，主要用来测量物品的尺寸。虽然这是我的职业习惯，但是这个习惯却让我的生活品质产生了很大改变。比如，很多家里用的各种各样的收纳用品有的太大，超出了它所在的空间，有的太小，没有充分利用空间。这就是因为他们没有好好地测量房子和收纳用品的大小，看到喜欢的收纳用品就随意买了下来。量好尺寸再买，也能够减少我们的冲动消费。

最后，随身携带的小收纳包。如果在外遭遇地震、事故等突发的情况，包里面的东西，如创可贴、糖、唇膏、宽头巾（受伤的时候可以用于包扎，也能够抗冻）、手帕、多功能工具、暖宝宝、口罩、保温铝膜等物品能保证晚上不回家也能撑过去。另外，还需准备好手机无法使用时可以联系的地址和电话等。记得选择能够放进包里的轻巧的小收纳包，因为太大的话，往往会懒得携带出门。

随身携带小收纳包，能够很好地缓解我们在外时的不安。我是在经历日本大地震时，深刻地体会到了我们需要做好充分的准备，以防万一。

你的收纳包里，准备了哪些必需品呢？

环保袋

大、中、小环保袋各准备一个，根据不同用途，携带不同大小的环保袋。可折叠，不会占地方。我选择的是能够一下子就从随身携带物品中识别出来的显眼的颜色。

卷尺

工作上我会有很多需要测量尺寸的情况，因此经常随身携带卷尺。它是我在为客户订制最合适的收纳方案时的必备物品。

纸也有"新鲜度"

每天都会涌来的大量纸质资料

不要把文件留在文件袋中，要让文件内容可视化，为收纳减负。

账单、收据等留在家庭收支账本中，重要日子记录在日历、手账、手机中。

按照家庭成员或者数据类别（学校、科目等）进行分类。

确定不需要的话，立即处理掉。

再利用　处理

孩子的资料是最容易堆积的

处理

不需要保存的双面打印资料作为可回收垃圾处理。

再利用

背面空白的资料可以再利用，用于记笔记等。

保存

把资料立着收纳在课桌较深的抽屉里。

收纳包

将创可贴、糖、保温铝膜、电话地址簿等收纳在小包里。我也会随身携带移动电源，以备在外无法回家时使用。

把纸质资料分为"流动""固定""珍藏"三类

　　我们常常觉得，把物品收起来就是珍惜物品的体现，但其实最重要的是充分利用物品。

　　而对于纸质资料，我们往往总是收起来却从来不看。

　　我去拜访过的一些较为凌乱的家里，一定会有过量的纸质资料胡乱堆积在一起。

　　如果是食物，腐坏了之后即使不想扔也不得不扔掉，而纸质资料既不会变形，也不会腐坏，很容易就放在那儿不管了。然后就这样随便放着，慢慢地都忘记这个资料的存在，这其实和扔了没有什么区别。这样的话，根本说不上是充分利用了资料上的信息。要让纸质资料的"新陈代谢"循环起来，首先就需要在拿到资料的那一刻作出判断，不需要的资料及时处理掉。

　　留下来的资料也不要胡乱堆放在一起，可以将其分为三类，以此决定保存的场所和期限。

　　首先是"流动"。

　　公共事业费的收据、孩子学校的家庭联络本等，具有信息上的流动性，在一定期限内是必要信息。这类资料可以放在取放方便的单页文件夹中。这样的话，到了不需要的时候可以及时处理掉。"×月×日有发布会""×月×日之前要提交资料"之类的有计划和期限的资料，可以在拿到的同时就记录在日历或者手账中，把记忆交付给日历和手账，自己也会轻松一点。

分类	重新评估的时机（例）		与家人共享信息十分重要 保存的要点
	短期（一年左右）	长期（一年以上）	
流动	公共事业费收据、信用卡消费明细、学校、团体资料、目录、信息资料类杂志等。	住宅设备相关的使用说明书（个人电脑、大型及小型家电）、菜谱等。	方便存放、取出；便于更新、处理。
固定	纳税材料 各类保单	房屋登记资料、房屋贷款资料、金融相关（存折、银行卡等）、证书、保险证、护照等。	精简地储存；最小限度地保存；只保存重要的资料。
珍藏	信件、贺卡、手账、孩子的作文、绘画作品、手机里的照片等。	家庭记账本、日记、名片、奖状、旅行记录册、相册、照片、绘本、书籍等。	定期重新评估；确定存放的空间大小。

然后是"固定"。

房屋登记等需要长期保管的重要资料，由于一般不需要频繁地拿出来，建议可以专门放在一个角落里面。可以放在不像客厅、厨房一样经常出入的场所。

最后是"珍藏"。

家庭合影、孩子写的信等"生命中的珍贵宝物"，可以控制一定的数量来挑选收藏。把那些最喜欢的部分留下来，放在一个方便取出来翻看的地方，尽情享受这份感动。

把平时会经常更替的纸质资料放在容易取出来的地方

平时拿到的收据、手头的工作资料等，都放在容易取放的地方。因为我经常在餐桌旁工作，所以我把这些资料收纳在餐桌后的餐具柜下方的抽屉里。

把商店的购物卡、挂号单等经常使用的物品立着收纳在小盒子里，不需要了就及时处理掉。名片只保存近三年的。

把在"友之会"的活动和工作相关的资料，按照每项活动和工作进行分类，收纳在透明文件夹中。从把资料叠着平放的那一刻开始，资料就"腐坏"了，所以一定要立着收纳。

把偶尔更替的纸质资料放在离客厅较远的地方

放置在玄关旁边走廊角落里的书架下方柜门的内侧是专门用来保管不常用资料的空间。给予重要资料一定的隐蔽性，还能够防尘，需要的时候，家庭成员也能够及时地取出来。

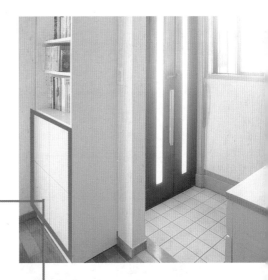

把使用说明按照大型、小器具、设备三类进行存档。在右上方记录购买的时间，以便能够及时计算出已使用年数和保质期。

把登记簿和证书等重要资料放在书柜最右边显眼的位置。汇总收纳在盒子里，以便紧急时刻能够一次性都取出来。

重新思考我们和卡片的"相处方式"

我没有积分卡之类的卡片。一旦有了积分卡，就会想着"在这家店买点儿什么吧"，"今天有 5 倍积分，那这个我也买了吧"，这种心理驱使着我们购买一些原本不需要的东西。被积分所捆绑，容易失去自己的判断，购物反而变成束缚。信用卡我也仅持有必要的数量，并且使用的时候，会记录在家庭记账本中。

清爽

每个种类的东西，只要一个就好

迄今为止我去过的客户家里，几乎每家每户都是同一种类的东西买了好几个。

尤其是文具。剪刀就有 3 把，笔更是不计其数。

厨房用具也是一样，勺子、锅铲都备了好几把。不同种类、不同外观的物品挤挤攘攘地占据着抽屉的空间。

真的有必要准备这么多吗？同一时间使用所有的厨房剪刀，这种情况是不可能发生的。

"每个种类的东西，只要一个就好"，坚持这个理念，在需要取用的时候，也不会花时间去犹豫用哪个好。

在经常使用的地方只放一套用具。如果真的想多准备一套作为备用的话，那就把备用用具放在其他地方来保管。

想要从成堆的杂乱的物品中取出一个的时候，我们会无意识地用眼睛来判别、分类和进行选择。这种多余的脑力活动会增添我们的疲倦，削减我们的干劲以及精力。

整日忙碌的我们经常忽略的一件事 —— 身边只保留常用品即可。

每种厨房用具只留一个，拉开抽屉的瞬间不再茫然

厨房操作台最上面的抽屉。从左至右，小隔间按顺序放着准备用具、计量用具以及盛装用具。坚持每种用具只留一个，在做饭时也不会感到茫然，能够更加明确地取用。

在 50 多岁的年纪重新思考人生，
首先从衣服的定期清理开始

我家二楼的三个房间一直是作为儿童房来使用的，孩子们因为升学、成家而搬出去之后，现在只有一个房间是大儿子在用。剩下两个房间中的一间，从 6 年前开始成为我们夫妻俩的卧室。一直睡在榻榻米褥子上的我们老两口，终于在 50 多岁的年纪睡到了床上，告别每天铺褥子、收褥子的麻烦，也从腰痛中解放出来，尽情地享受睡在床铺上的舒适睡眠。

这个时候，不仅仅是由地铺变成了床铺，我们夫妻俩也商量着重新对衣服进行清理，减少现有衣服的数量。此外，还把收纳空间本身也缩减了。以前分散放置在不同地方的非应季的衣服，现在终于可以收纳在一个地方进行集中管理了。

年轻的时候，总想尝试不同设计、不同类型的衣服。有了孩子之后，渐渐地只会买一些抱着孩子也不会让孩子觉得不舒服的材质的衣服。现在不再面临育儿的问题，当年买的很多衣服也不再需要，我也想穿一些自己真正喜欢且穿起来也舒服的衣服。不仅仅是追逐潮流，我希望能够熟练驾驭现有的衣服，来展示自己的风格。

随着环境、年龄、体型的变化，拥有的衣服也在发生变化，如果不定时进行清理，衣服的数量就会膨胀。

意外的是，我们经常忽略的一个类别就是内衣。

只要不是特别廉价的内衣，一般来说不会完全磨损到不能再穿了的程度。从款式上来说，也不需要跟随潮流，什么时候把内衣置换成新的，什么时候处理掉旧的内衣，往往很难把握。因为有着"看到在打折就随便买了一件""想要这种看起来暖乎乎的材质，所以就买了""以前的内衣大小不合适了"等理由，不知不觉中内衣的数量就增加了，衣柜也越来越满。因此，定期的清理是很重要的。

对于女性来说，化妆用品也需要定期清理。护肤品就不用说了，适合自己的化妆品也是在不断变化的。我们可以经常思考一下，在当下最能够展现自己魅力的化妆单品是什么。

年纪越大，越感觉到身边物品的清理是比较费劲的。趁着体力尚且充足的时候，我希望能够重新思考一下生活方式，让后半生能够更加轻松快乐。

缩减收纳空间，衣服也会减少

　　每次大家谈到收纳最让人头大的地方时，排名第一的是厨房，其次就是衣柜。

　　很多女性表示，衣服的数量不知道是该增加还是该减少，每次都找不到想穿的衣服，越找心情越烦躁。原本的衣柜已经装不下了，挂衣架上和收纳盒里到处都是衣服，很多家庭都有这种情况。

　　家里到处都是凌乱的衣服的话，我们会记不住这些衣服各自应该收纳在哪里，日常生活的活动路线也会变得复杂，出门前的着装准备和整理也会花费更多的时间。卧室的衣柜或者衣帽间的壁柜等，确定一个集中收纳衣物的角落，想办法把衣物的数量控制在衣柜的容量之内，管理起来更加轻松，也更能够体会到各式美丽的衣物映入眼帘的乐趣。

　　经常听到有人说，"我家装衣服的地方比较小，所以总是比较凌乱"，其实是相反的。真正凌乱的原因，是不去思考这件衣服自己到底会不会穿，而是先买一堆收纳用品把它们全部收起来。实际上，缩减多余的收纳空间，反而是更重要的。首先，可以试着清理现有衣服的数量，然后从中精心挑选出最合适的，减少衣服的总数量。如果家里到处都散落着衣服，可以从重新思考每个房间的功能开始，进行改善。

　　例如，客厅是吃饭或者家人聚在一起的空间，用来放衣服肯定是不合适的。和式房间是孩子的卧室，用于收纳孩子的衣服，孩子换衣服也能够更加方便……这样一来，哪里该放衣服，哪里不该放衣服，就很清晰了。

　　我们夫妻二人的衣服，如果是洗完澡之后穿的睡衣，会放在洗脸台的柜子里，除此之外的衣服都放在卧室的衣柜或者床边斗柜里，起床之后换衣服会更加方便。另外，床旁边的斗柜里放的是应季的日常衣物，外出的衣服、套装、非应季的衣服都放在衣柜里，分开收纳，能够减少一些不必要的操作。

我们夫妻俩的衣服分开收纳在床边的斗柜里，衣服都是叠好再收纳，这样一打开抽屉就能够一览无余。叠起来收纳也好，挂起来收纳也好，重要的是要留出适当的空余空间。衣服与衣服之间挤得太紧的话，一方面不好把握目前手头所拥有的衣服的情况，另一方面拿衣服、放衣服的时候很容易把其他衣服带出来，衣服也容易起皱，坚持不了多久就会回到凌乱状态。

当你一下子想不起来镜子前的自己是什么样子时，就是该清理衣柜的时候了。现在不穿的衣服，大概率以后也永远不会再穿。

而你，也需要意识到这个事实。

BEDROOM (卧室)

不要把衣服叠在一起，保证每件衣服都能进入视野

把裤子一条一条地排列好，不要让裤子叠放在一起，这样一打开抽屉就能清晰地看到每一条裤子的颜色与花纹。可以使用小盒子或者小隔间把袜子纵向排列起来。

把刚洗完的衣服从外往里排列

把洗完的衣服"立着"从外往里排列。这样的话，穿着频率较低的衣服就会留在靠里的位置，不需要的衣服一看便知。

着装不仅仅是个人品位，
控制衣服数量，只拥有适合自己的衣服即可

　　我们总觉得衣服越多，自己就能打扮得越漂亮，其实不是这样的。我去过一些衣服多到堆成山的客户家里，发现那些衣服很多都是相似的颜色、花纹、用途，客户本人也对自己光是外套竟然就有 12 件的事实感到诧异。那些藏在衣柜深处，被遗忘了的衣服，材质渐渐地损坏，也逐渐落后于潮流，和"腐化"了没什么两样。

　　那么，不如以一个衣柜的容量为范围，精心挑选自己最喜欢的花色的衣服，把衣柜收拾得清清楚楚、一目了然，让拿衣服和放衣服都更方便，这样才是对衣服的尊重。并且，每天的衣服搭配也会更加简单，自己也能够更好地驾驭这些衣服。如果每天穿的衣服都是适合自己的衣服，我们就再也不会有出门在外时担心自己这身搭配不好看的顾虑了。

　　最近这几年，我开始慢慢地买一些色彩明亮的衣服。因为，一个人穿上这些衣服的样子，绝大多数时候都是别人在看。而别人眼里的你，也是构成这个社会整体的一道风景。如果因为年纪大了就穿一些暗色系的衣服，看到的人心情也不会愉快。不需要打扮得多么华丽，只是在选择衣服的时候，可以多考虑一下你穿着的这件衣服是否也会让看到的人感到心情愉悦。

穿完的衣服，
从左往右放回去

把只穿了一次暂时不需
要清洗的衣服放回衣柜
时，从左边放起。这样
的话右边的都是不常穿
的衣服，一目了然，处
理不需要的衣服时，内
心也不会犹豫不决。

抽屉里放置"非应季衣服"
在衣柜的下方放置了带抽屉的收纳箱，用于收纳运动服和
非应季衣服。

不要让衣服被"囚禁"在衣柜里

很多人问我："到底拥有多少件衣服是足够的呢？"这个问题其实没有标准答案。我每次都会告诉他："先数数你现在拥有的衣服的数量吧。"

通过一件件整理，清理出现有的衣服，确实是比较麻烦的事情，但也是非常重要的。与衣柜里现有的衣服来一次面对面的交会，也就能够清楚自己拥有多少衣服、拥有什么样的衣服是最舒服的状态。

第一步，从衣柜、收纳箱里把所有衣物都拿出来。所有衣物，包括抽屉里的腰带、围巾也要拿出来。然后按照衬衫、裙子、裤子、针织衫、外套等类别进行整理，就能够对现有的所有衣服的颜色、材料等有个大致的把握。接下来，再将其分为"穿"和"不穿"两类。

第二步，根据"取、分、减、收"的规则（参考 P25）来整理衣物。除了衣服本身之外，也需要穿上这件衣服站在全身镜前看看整体效果，再进行判断。因为有时候衣服并没有损坏，颜色和花纹也是自己喜欢的风格，但可能已经不适合现在的自己了。犹豫的时候，也可以问问家人的意见。在光照良好的房间里再重新审视一次，可能会发现有的衣服其实已经旧了。

让现在衣柜里的衣服都适合自己，需要我们对衣服多多进行"取、分、减、收"。

"这个当时可贵了""等我瘦下来会再穿的""别人送的，扔掉不太好"……对于有些衣服，即使觉得处理掉会有点可惜，但如果两个季度都没有穿了，就需要作为"处理对象"备选。我在对衣服进行更新处理时，尽量会让这些被处理掉的衣服能够被再利用。

那些封印在我家的衣柜里，基本上没有再穿过的衣服，可以说是"被囚禁的衣服"。与其让这些衣服"囚禁"在衣柜里，倒不如让那些适合它的人能够多穿穿，这样的话衣服也实现了它的价值。

我现在拥有的所有季度的衣服，包括出席重要场合的正装，维持在每个类别5件的状态。也就是说，裤子、裙子、T恤、衬衫等16个类别，每类5件，共计80件衣物。T恤、毛衣等竟然只有5件，这对于以前的我来说是完全无法想象的。最开始的时候，我也会有一种总觉得衣服不太够的心情。但没有想到的是，当我给衣服拍完照后把所有衣服清点一遍时，自然而然地觉得居然有这么多衣服，足够了。把现有的所有衣服都清点一遍之后，我也愿意花更多心思去设计新的衣服搭配了。与自己坦诚相待，挑选出真正适合自己的衣服，把这些衣服心满意足地收到衣柜里，我们的生活也会变得愈发明朗。

处理掉一件衣服，便能不再纠结、没有顾虑地再买一件新的衣服。比起那些打折之下的冲动购买，这样的购物方式一定是更自由、更轻松的。

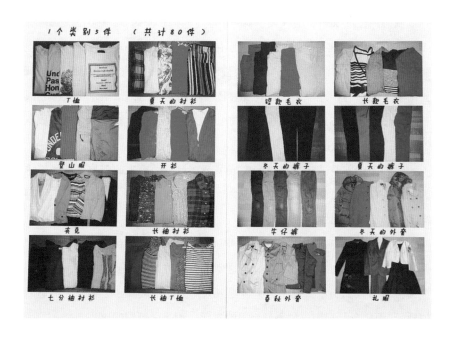

坚持每个类别 5 件单品并拍照记录

把所有衣服按照类别拍照保存在手机里，逛街买衣服时就能够一目了然地知道
现有的衣服数量，也能够更高效地搭配衣服。

从我的整理记录快照开始

我的两位朋友来咨询我关于家的整理。他们是一对 50 多岁的夫妇，在一个三室一厅（51 平方米）的房子里住了将近三十年。现在两个孩子都已经步入社会，回过头来发现家里早已被物品塞得挤挤攘攘。壁橱和收纳间里挤满了照片等纪念品和闲置物品。随着时间的流逝，家里每个人都在成长和变化，生活方式和习惯也在发生变化，但对于家里物品的数量和放置的位置，他们却从来没有重新思考过。

面朝阳台的开放式厨房窗台变成了杂物台，而原来的餐桌变成了男主人的办公桌。每次吃饭都不得不在旁边客厅的矮桌上吃。而他们也已经习惯了这种不太便利的生活。

女主人说："对我来说，哪怕是吃饭的人紧挨着睡觉的人，也是因为空间太小了，是没有办法的事。都怪这个房子不够大。孩子长大了，家里也渐渐没有客人到访了，反正都是自己家人，因此也放弃了去追求更舒适的生活。"而让自己习惯这种不便至极的生活，正是最可怕的事。

男主人的办公桌紧贴着厨房。厨房拥挤得站一个人都困难。

"想在明亮的餐厅里一家人围在一起吃饭。""想邀请客人来玩。"为了实现这样的心愿，这对夫妇开始了整理和收纳。

首先把屋子的现状拍照，然后具体地勾画一下希望每块空间发挥什么样的功能。开放式厨房的使用方式是一个关键问题。厨房操作台的旁边就是男主人的办公桌，我问女主人为什么会这样布置的时候，她说他们已经习惯了，从来没去认真想过这件事情。所以，我首先建议他们撤去办公桌，换上一个二手餐桌，然后把男主人的东西都转移到客厅里。

对厨房里没有使用过的食材和餐具一个一个进行清点，目前不需要的东西就转卖、送人或扔掉。当空间变得宽敞，视线变得开阔，女主人的表情也越来越明朗。

接下来的问题是家庭成员各自的空间分区不明确。

客厅是男主人的办公空间，和式房间是大女儿的专属空间，西式房间是大儿子的房间，开放式厨房附近的区域则由女主人管理。这样一来，每个空间的负责人和功能就都明确了，家里的"无人管理区域"减少，实现了良好的分区。

开放式厨房终于回到它原本应该扮演的角色。做好的饭菜可以直接摆放到餐桌上，家务的活动路线更加简单。

BEFORE

客厅约 10 平方米。小矮桌作为 4 人的餐桌。到了晚上，矮桌旁边就变成男主人的卧室。

AFTER

正面的书架是女主人的，办公桌及旁边的书架是男主人的管理空间。资料和书籍全部放置在这部分区域中，多出来的就处理掉。

家务

对于整理与收纳的思考，也适用于对于所有家务、时间以及金钱的管理。让家务成为更快乐的事，也能让在家里度过的时光更加舒心。但是，每个人都有擅长和不擅长、喜欢和不喜欢的家务。对于我来说，我喜欢整理，不太擅长清扫。但是有时候，我也会逐渐改变想法，意识到整理是让清扫变得更加轻松的前提条件，二者并不是割裂的。

"3/4"的生活

2011年3月，日本大地震之后，我对生活有了新的思考。公共交通停滞、断水、停电，那时人们才体会到以往稀松平常的生活是多么可贵。群众都感到很慌乱，因此也发生了在超市、便利店大量采购导致供货不足的情况。看到这幅场景，我在想，真的有必要这样去抢购吗？我也意识到，也许大家都可以重新思考一下自己的"生活尺寸"。

虽然金额不大，但是我一直以来都有向社会捐款的习惯。我日常使用的是羽仁女士创制的家庭记账本，里面有一个叫作"公共费"的栏目，每年我都会从家庭支出中预留一部分给这个栏目。我无法马上赶到地震灾区为灾民做点什么，因此我通过"友之会"来贡献出自己的一点时间和金钱，也收获了心灵的平静。

经历了这些事情，我渐渐地意识到要过一种不那么"满"的生活。我们现在所拥有的东西真的不够吗？我们还没有过上心满意足的生活吗？而这个评价基准就是"3/4"。

例如：

- 用采购回来的三天量的物品度过四天；
- 尝试一餐只吃以前3/4的量；
- 把浴缸里的水量调节为以前的3/4；
- 做到每四天里有一天不坐车；

……

我家也开始尝试着把收纳容量变为以前的3/4。我整理了不知道什么时候开始被塞得满满的壁柜，把空出来的地方用于收纳来我家留宿的客人的行李物品，以及暂时保存客户寄放在我这里的回收品，把壁柜的一部分变成了"公共空间"。

把自己所拥有的一部分物品和时间分享给这个社会上有需要的人，是不是也很好呢？一张长椅上坐着的 3 个人，如果坐得再贴近一点儿，也许就能够再多坐一个人了。

要实现 3/4 的生活，也不是简单的事。拿我来说，至少我想把自己生活预算的 1/4 留出来作为捐赠费回馈给社会。

用自己的方式来实践 3/4 的生活法则，让生活变得精简，让身心变得轻快。

让生活变得精简的3/4法则

物品	时间	空间
确定收纳位置和物品数量的范围，不要无节制地增加物品。	把个人时间的 1/4 留出来，用于做家务、教会志愿者活动等，与他人分享。	把家里空间的 1/4 作为公共空间预留出来，让大家随时都能够自由使用。

钱	信息	资源
我把自己生活费的 1/4 贡献给社会，用于捐款及儿童赞助基金等慈善机构。	控制从社交平台以及网络获取的信息量，只摄取以往信息量的 3/4。	重新评估电、气、水的使用量。把洗澡的水量减少 1/4。

当不需要为温饱而担心时，我们就应该为社会做一些力所能及的事情
当我不再需要为自己的孩子支付学费，我就去参加了资助海外儿童上学
的项目。收到被我资助的孩子的来信是我最开心的事。

划分出一天的"6个基本时间"

"每天都太忙了""回过神来发现一天就结束了"……我经常听到有人这么说。要兼顾工作和家庭，要花时间照顾孩子，即使时间再多也总感觉不够用。

我们常常把应该做的事情往后拖延，而时间就在不知不觉中流逝了。要做的事情那么多，我们总是一边在心里忍受着这种焦虑，一边想着没有办法去做那些自己真正想做的事情。这样的生活是很逼仄的。

从50年前开始，"友之会"每隔5年都会进行一个"生活时间调查"。全国的会员都会对自己一周的时间进行详细的记录。据实记录自己每天24小时即1440分钟都做了什么，将做家务的时间、与家人共享的时间、自己的时间等变得可视化，来把握自己现在是如何分配时间的。

其中有一个可以参考的方法，就是自己决定好"6个基本时间"。

将起床的时间和睡觉的时间确定下来，一天要进行的活动的大致排布就确定下来了。接下来，将早餐、午餐和晚餐的时间确定下来。

以上是一般的时间划分。而对于我们家庭主妇来说，最重要的是早间工作的结束时间。也就是对要在早上完成的洗碗、洗衣服、打扫等家务，确定一个完成时间的节点。

我给自己设定的是8点。在8点之前，完成早餐后餐具的收拾、打扫和洗衣服。

特意确定一个这样的截止时间，是有很大益处的。

一是能够让自己心里更加放松。

比如可以这样告诉自己："完成早间工作之后，接下来在准备午餐之前，都是我的自由时间了。"我基本上会在上午办理一些需要外出的工作、写稿等，一周偶尔有一次会给自己一个充电时间，泡一壶喜欢的茶，静下来慢慢地阅读一本书。

二是能够让自己的工作更高效。

要在吃完早餐后、午餐准备时间到来前完成这些早间工作，在有限的时间内应该按照什么顺序来开展一天的计划。通过进行这样的倒推思考，能够让自己的工作更顺手。

孩子还小的时候，我会把晚餐时间安排在晚上 6 点，为孩子们创造一个早睡早起的生活节奏。有时候由于孩子们要参加社团活动或者补习班，"6 个基本时间"可能会被打乱，但我们心里知道有一个设定好了的标准时间表，随时可以调整，会更加安心。

家庭主妇如果能够有意识地去设定"6 个基本时间"，使其成为家庭的"闹钟"，家庭生活也会更加顺畅。

05：30　· 起床
　　　　· 洗衣服
　　　　· 准备早餐、便当

06：30　· 吃早餐
　　　　· 收拾厨房
　　　　· 晾衣服
　　　　· 打扫

08：00　· 结束早间工作
　　　　· 喝咖啡、看报纸时间
　　　　· 外出或者工作

12：00　· 午餐

19：00　· 和先生共进晚餐
　　　　· 收拾厨房
　　　　· 用电脑记录家庭收支
　　　　· 洗澡
　　　　· 为次日做准备
　　　　· 家庭共享时间

22：30　· 睡觉

金时间、银时间、铜时间

　　家里不会像学校一样有上课、下课的铃声来提醒我们，因此在家的时候很容易变得懒懒散散。什么时候休息可以自己决定。把本应该早上做的事情挪到晚上来做，也没有人会说什么。

　　然而，一天只有 24 个小时，我还是希望能够发挥它的最大效用。

　　大脑和身体最灵活的时候，一般来说都是上午。也就是所谓的"金时间"。最好是把定计划、学习等需要集中精神的活动放在上午来完成，即用黄金时间来做黄金工作。定下计划，就能发挥更大的能动性。

　　体力和精神都是随着时间的流逝而不断减少的，白天是"银"，晚上是"铜"，睡觉前是"铅"。把一些麻烦的工作放到晚上来做，效率很难提高。放松身心的活动，就放在晚餐之后来进行吧。

　　通过制定这样简单的规则，就能够实现动静皆宜、有张有弛的一天。

上午是一天中最精神的时间，正是适合活动大脑和身体的时候。工作、写稿、查资料……把这些必须放在优先位置来完成的事情做完，能够减轻下午的精神压力。

改变一些小动作

积少成多，这也能形容生活中的一些动作。每一个小小的动作积累起来，也会占用大量的时间。如果重复这些多余的动作，时间和精力就都被浪费了。

减少这些多余的动作和时间浪费，也是收纳的一个重要目的。

比如耳环、项链这些首饰，大家都放置在哪里呢？我的首饰数量较少，都放在洗脸台了。可以在一边化妆一边整理着装的同时佩戴首饰。回家之后洗完手也可以直接取下来。

抛弃要把首饰收在盒子里放进衣柜这种定式思维，回归基本，把首饰收纳在它被穿戴的地方，穿戴首饰的频率也增加了。

每天无意识地进行的这些小动作，其实很多都被一些固定思维束缚住了。如果发现某些物品的使用频率越来越低了，可以试着改变一下它的收纳方式。

把打扫用具归置到一起
打扫、洗衣服所需要用到的物品都放在洗脸台下方收纳空间的一个角落里。其他家庭成员需要打扫时，打开这里也能够一目了然。

统一容器，减少不必要的动作
将烹饪时要用到的调味料等放进空置的咖啡瓶中贴上标签，看起来更加清爽。开合轻松，余量也能够一目了然。

穿戴场所就是收纳场所
把首饰收纳在洗脸台旁边收纳柜里的专用区域。这样做，不仅能够在镜子前对照当天的服装与妆容来挑选首饰，回家之后，也能在洗手之后及时取下来。

拥有一些悠闲时光
减少不必要的动作而节约下来的时间，可以用来做喜欢的事情。饮茶时间便是生活的留白。

重视开始时间和结束时间

我一直记得羽仁女士说过的"今日事，今日毕"。与其追求效率，同时进行多项工作，不如按照顺序一件一件来做，反而更能够避免浪费时间。

把精力集中在眼前的事情上，也能够避免不小心犯错。例如，在填写孩子学校的相关材料时，脑海中一直考虑接下来要做哪些事情，结果出了很多错误……这样的情况经常发生。"更正"这项工作，本来是可以避免的，也就是所谓的"负面家务"。

此外，"在脑海中重新回顾一遍"所需要花的功夫，也是可以节约的。

比如某一项工作已经完成 60% 了，又停下来去着手新的工作，这种情况下，要再回到原来那些工作时，是无法直接从 60% 的节点往下进行的。我们还需要花费功夫去回顾前面 60% 的内容。这样的话，一鼓作气地完成100%，反而更能节约时间和精力。

三心二意地做事，结果可能每件事情都没能够做好。"将精力集中于现在所做的事情，一鼓作气完成它"是一个更好的习惯。

通过记录，给大脑减负

在做家务或工作的时候，脑海里总是浮现"上次孩子让我帮他做什么来着""好像洗发水快用完了"这些与现在无关的事情，就会陷入大脑过于忙碌的状态，人也很容易疲惫。并且，也无法集中精力做好手头的事情，时间在不知不觉中就流逝了。

这是因为脑海中构想出来的"未来"，牺牲了最重要的当下。

因此，要把握好当下，就需要集中于眼前的事情，把心里牵挂的事情暂时清空。

这样的话，即使长时间做一件事情，也不会觉得忙碌。

但是，如果暂时清空的事项以后也想不起来的话就会比较麻烦，这需要我们在日常生活中养成记录的好习惯。把行程记在厨房的月历上，把要采购的物品清单等记录在手机备忘录里，就可以安心地把这些事情从脑海中清空了。记录下来，就是给大脑减负，让心情放松。如此一来，大脑和心灵都能够更加游刃有余地享受当下。

制作采购计划表

做饭就像是电视连续剧。一顿饭做完了不代表就结束了，买菜、做饭、吃饭、收拾，每天都必须不断地重复这样的循环。

我在前面提到，"友之会"每五年都会面向会员做一个具体到每一分钟的一天24小时都做了什么的"生活时间调查"。调查结果显示，家庭主妇花在"食"上面的日均时间高达166分钟。不需要出去采购的时候，一天约花费100多分钟，如果还需要出去采购，则需花费超过200分钟。采购的次数越多，每天花在采购上的时间占一天家务时间的比重也就越大。因此，如果觉得"买菜什么的，随便一点儿就好"而不好好规划的话，日积月累其实浪费了很多时间。

反过来说，买东西这件事情，其实是可以花点心思来提高效率的。

提前制作好"一周采购计划表"，在一定程度上可以将采购流程程序化。对于我来说，买一次东西（三天的量）只需要花15分钟。提前规划好需要购买的物品和数量，就能避免到了超市摇摆不定，或者一时冲动买回一些不需要的打折商品。

在超市里，商品的摆放是有一定规律的。一般进入超市最先看到的是蔬菜和水果。这是因为蔬菜和水果的颜色容易勾起食欲，从而促进消费者的购买欲。但是，根据自己的需求来决定逛超市的路径才是最合理的。

我家的主菜一般是猪肉、鸡肉、鱼肉轮换，所以我进超市之后一般会先去靠近里面的肉食、鲜鱼卖场。这时候，我会在购物车里准备两个筐子，分别用于放那些需要保存在冰箱里的东西和不需要保存在冰箱里的东西。

确定逛超市的路线

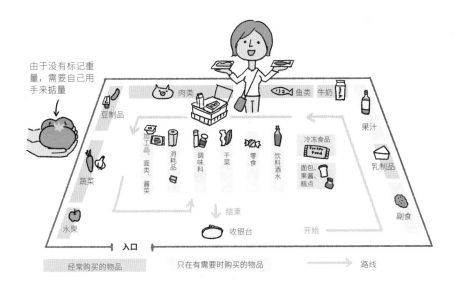

由于没有标记重量，需要自己用手来掂量

豆制品

加工品、面类、酱菜

消耗品

调味料

干菜

零食

饮料酒水

冷冻食品

面包、果酱、糕点

肉类

鱼类 牛奶

果汁

乳制品

蔬菜

水果

结束

收银台

开始

副食

入口

经常购买的物品 | 只在有需要时购买的物品 | 路线

首先去肉类、鱼类的卖场看看情况，决定主菜的菜单，再走到蔬菜卖场。最后，再对照手机里的采购清单采购用完了的调味料、日用品等必需品。从进超市到出超市只需要花费 15 分钟。

这样一来，回到家之后，就可以直接把采购好的东西放到冰箱里，不需要再分类。

我会根据当天肉类和鱼类的新鲜程度及价格来决定当天的菜单，比如是做筑前煮[1]，还是照烧沙丁鱼。这之后再去蔬菜卖场，就不需要来回绕路了。对于散装称重的蔬菜等商品，需要我们用手来掂量大致需要的量，因

---

1 筑前煮是一道菜品，属于家常美食。主要原料有鸡肉，主要配料有蒟蒻、牛蒡、里芋等，通过慢火炖煮的方法制作而成。——译者注

此对于一些经常购买的蔬菜，如果在家里记录好每次食用的量再用手拿起来感知这个重量并记录下来的话，会比较方便。

最后采购的是日用品。可对照记录在手机里的采购清单来进行挑选。结账的时候，把购物袋套在筐子上，让店员扫码后直接放入购物袋里，也省去了自己装袋的时间。

准备上、下两个购物筐

两个购物框

把两个购物筐分别放在购物车的上面和下面。把豆腐、牛奶等"冷藏保存"的物品与"常温保存"的物品分开放置。将相同种类的物品放在一起的话，之后对照超市小票记账时，记录各类费用也比较方便。

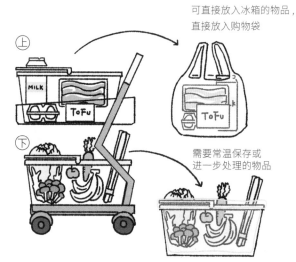

可直接放入冰箱的物品，直接放入购物袋

上

下

需要常温保存或进一步处理的物品

家庭必要采购量，确定下来更安心

我现在每三天去采购一次，每周去两次。每周消耗六天量的食材。考虑到有时候会临时收到别人送的食物，或者临时决定外出就餐，一周只采购六天量的食材的话，就能够较为灵活地应对这种情况。我希望尽量不要留有剩余。因此，每周有一天用来消耗掉那些剩下来的食材，那一天就不需要再另外去构思菜单。利用剩下来的食材，冬天的话做成火锅，夏天的话做成铁板烧。一天的菜单，还是比较容易确定的。

为了既不浪费食材，又能保证丰富的营养，我参考了"友之会"计算出来的"一日所需食品量"，基于此来计算出我家一周所必要的食材采购量。每次采购的时候，只采购一周所需量的一半。

基本上只要坚持这个原则，就能够保持适量且均衡的营养。每次吃饭的时候不用再担心是否摄取了必要的营养元素。

提前制定好"一周采购计划"，既不会超出餐费预算，也能避免冲动购物或重复购买。

一日所需食品量（以我家为例）
根据厚生劳动省"日本人的营养摄取标准"计算

家人	牛奶 / 乳制品		鸡蛋	肉类 /鱼类	豆类 /豆制品	蔬菜			水果
	牛奶	芝士				青菜	其他	薯类	
先生	200克	5克	40克	120克	70克	60克	290克	50克	150克
我	200克	5克	40克	100克	70克	60克	290克	50克	150克
大儿子	—	10克	80克	120克	70克	60克	290克	50克	150克
一日摄取量	400克	20克	160克	340克	210克	180克	870克	150克	450克
一周采购量（按 6 天计算）	2,400克	120克	960克	2,040克	1,260克	1,080克	5,220克	900克	2,700克

营养均衡的食物摄取
基于家庭成员的体质、喜好来确定的一周食物摄取量。

一周采购计划表

	牛奶	芝士	鸡蛋	肉类 /鱼类	豆制品	青菜	其他蔬菜	薯类	水果
从超市采购的（一周量）	2 盒牛奶（我家会用其中 1 盒来制作酸奶）	10 片（126 克）	2 盒	鱼 400 克x2盒 猪肉 500 克 鸡肉 500 克 肉泥 500 克	豆腐 4块 纳豆 6盒 油炸豆腐	3 把（1 千克）	深色 1千克 浅色 4 千克	1 千克	2 千克
从 "友之会"团购的（一月一次）					600 克		羊栖菜、萝卜干、海带丝		

采购时携带的"计划表"
根据上方的 "一日所需食品量"制作一周采购计划表（克数包括了需要处理掉的部分）。吃完采购的这些食材就能够保证营养均衡，不需要再另外食用营养补给品。

采购之前的准备工作

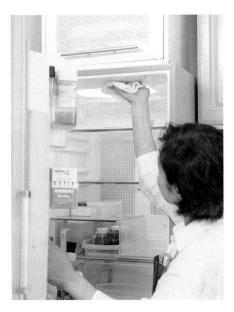

不仅是上方，冰箱隔板的下方也要注意清理，有时会有食物的蒸汽导致的油污等。

滴答

不剩余食材，让冰箱保持整洁

去采购之前，尽量先把现有的食材消耗干净。用沾了医用酒精的抹布将空的冰箱擦拭干净，同时也可以检查是否有剩余的食材。只有把冰箱清空了，才能更好地擦拭冰箱。

"先苦后甜"的厨房家务

　　有些家务，如果提前做好的话，会让之后的工作变得更加简单、高效。提前做好的家务，也就是"事先家务"，是"友之会"的一个理念。尤其是围绕厨房进行的家务，更加能够体现出"事先做好"的价值。

　　首先，事先家务从采购之前就开始了。尽量把库存食材都吃完，用沾有医用酒精的抹布擦拭空出来的冰箱。如果冰箱里面不干净的话，冰箱里装的物品也会沾染油污，进而让放置物品的厨房及餐桌也被污染。从减少打扫的次数、预防食物中毒风险的角度来说，也应该保持冰箱内部的清洁。

　　其次，就是要让水槽周围的空间尽量空出来。及时清洗碗筷，归置好摆放在水槽里和水槽周围的物品，这样回到家就可以尽快开展家务，免去准备工作。

　　另外，食材采购回来之后的处理也非常重要。很多时候从超市回到家已经很累了，只想喝点茶休息一下，但这时候需要鼓起劲儿来坚持最后一步，处理好买回来的食材。提前把青菜焯水，将鱼类和肉类调味煎好，这样的话，接下来的两三天即使很忙、很累，也不需要再特意出门吃饭或者再去另外买副食回来。解冻、烹饪、装盘，提前做好这些的话，做晚饭就不再是那么麻烦的事情了。

　　我的话，会播放着自己喜欢的音乐，用一个小时到一个半小时的时间来做好这些准备工作。由于提前准备了焯好的蔬菜和调好味的鱼类或肉类，我就能够把多出来的时间用来做便当。而忘记使用某个食材或者食材过期的情况，也很少出现。

设想一个当你被工作和育儿耗尽心力，又不得不开始准备晚餐的傍晚，当你面对"洗完茄子还要切，再把肉泥炒一遍"与"只要把洗好待用的茄子和提前制作好的'麻婆肉泥'（参考 P104）拿出来做一个麻婆豆腐就行"这两种不同的工作流程时，心情是完全不一样的。

事前工作，不仅能节约时间和精力，也能够剥离掉做饭的繁杂程序，让人重新拾回做饭的快乐。

根据采购计划表来购物

一周的采购量如上图
根据 P94 的计划表来采购。一周的采购量大致如上图所示。由于提前制定计划，能够避免打折导致的冲动购买。挑选最当季、价格最适宜的鱼。

1

去除外包装

先准备好垃圾桶
处理买回来的食材之前，先准备好收拾厨余垃圾的垃圾桶。处理蔬菜时，准备好放置菜叶、蔬菜根和各种塑料纸的容器，以及擦干洗净后的蔬菜的毛巾。处理肉类或鱼类时，准备好垫在下方的牛奶盒。

去除塑料外包装及外皮
先把蔬菜的塑料外包装剥离，再去掉最外层的皮。对于装在袋子里的蔬菜，从超市回来之后统一开封，能够节省更多时间。标签也要去掉。

2

煮

能够缩短做菜的时间，也能够节约水和燃气，非常环保。

减少换水的次数

有些蔬菜可以煮好后再保存。按照先煮西蓝花，再煮芜青叶，最后煮菠菜的顺序来进行，可以防止串味，也能够减少锅里的水的更换次数。

做好控干，能保存更久

要想让煮好的蔬菜保鲜，关键就在于"控干"。可以用卷帘把菠菜竖着卷起来去除水分，西蓝花可以趁热拿着茎把顶部的水分甩掉。处理好后，放在容器中可保存3天。

顺便把鸡蛋煮好

用煮完蔬菜的水顺便把买来的鸡蛋煮好一部分。虽然煮完蔬菜的水略微有点变色，但鸡蛋吃的时候还需要剥壳，所以没有问题。煮好之后，储存在冰箱里，2~3天内食用完即可。可以将煮好的鸡蛋加到炖菜或者沙拉中，让菜色更加丰富。

3

切

将卷心菜切开，分别用于不同的烹饪方法：
横向切开卷心菜，将上 1/3 的叶子部分切
成丝以备生食。下 2/3 的菜心部分比较耐
煮，煮熟食用。

用盐涂抹卷心菜丝，真空保存
用重量比为 1% 的盐涂抹卷心菜丝，放进
保鲜袋冷藏。

为了节约冰箱内的收
纳空间，应选择大小
适宜的容器。

Just Size

注意保持小葱的干燥
将用于调味的葱花保存在不易留下味道
的玻璃容器中。在下方铺一层厨房纸，
冷藏的话能保存一周。葱花遇水容易变
质，因此保存在塑料瓶里也要注意铺一
层厨房纸。

腌制紫洋葱

将紫洋葱切成薄薄的片，用自制甜醋汁水（参考 P114）腌制。不仅仅是紫洋葱，各种生蔬菜都可以切片腌制，加到沙拉中瞬间让口感更丰富。

根的生命力非常旺盛

葱靠近根部的部分不要扔掉，浸泡在水里会再长出来。插到一个精巧的容器里，摆放在厨房看着也比较赏心悦目。想要用来调味的时候，切一部分即可，非常方便。记得每日换水。

盐渍或者做成汤，能够轻松摄入更多蔬菜。

轻松完成蔬菜料理

盐渍卷心菜丝制作成卷心菜沙拉，用甜醋汁腌制紫洋葱，用醋和香辣调料的混合汁液腌制其他蔬菜。把蔬菜腌制好保存起来的话，便当里的蔬菜不够或想吃小菜的时候就能够派上用场。

4

干烧

容易腐烂的鱼的处理方法

处理沙丁鱼时，不要用菜刀，用手直接剖开。首先去头，用手指把鱼的身体剖开。去掉内脏之后泡到盐水里。去掉头部和内脏之后就比较干净了，泡在水里不会再有脏东西出来，也能够防止一直冲洗让鱼肉口感变差。用流水冲去血水，去掉鱼骨后撒上面粉，干烧之后冷冻保存。

蒲烧沙丁鱼

材料与做法

① 把冷冻保存的干烧沙丁鱼自然解冻。

② 在煎锅里倒入适量色拉油，把①放入煎锅，淋上适量照烧汁（白砂糖、酒各 1 大勺，味啉 2 大勺，酱油 3 大勺的混合物）烤制。

③ 根据个人喜好撒上红姜与山椒。

打折的时候多买一点沙丁鱼，干烧后保存起来，要用的时候解冻即可。用甜汁烹饪富含钙质的沙丁鱼，瞬间变得营养又美味。

5

腌
制

打折时采购，烹制好以备随时取用

用盐（肉块重量的 3%）擦拭里脊肉（块状），用厨房纸包裹起来，装入密封袋中。保存 2~3 日，即可制成"盐渍猪肉"。直接煮好可以用来烹制蔬菜浓汤，切片的话可以用来做三明治或者沙拉，切丝的话可以用来炒饭。

盐渍猪肉炖蔬菜汤

材料与做法

① 用水冲洗盐渍猪肉（400~500 克适合 4~5 人食用），在锅中倒入适量色拉油并加热，然后将猪肉煎出焦痕。

② 将适量洋葱、胡萝卜、土豆、芜菁、西芹等切成大块，取 800 克在锅中摆满，加入含有月桂叶的固体汤料（1 块）。

③ 加入 3 杯水，将食材煮软。

※ 我一般煮 10 分钟后关火，用锅帽子®（参考 P124）盖上，使余热保存一段时间;

④ 吃之前将猪肉切片，用胡椒粉调味装盘。

撒过盐的猪肉腥味会变淡，味道也更鲜美。和喜欢的蔬菜一起炖煮，一道奢华的主菜就诞生了。

6

炒

自制"麻婆肉泥",非常方便
肉泥很容易变质,因此适合调
好味之后冷冻保存。将肉泥混
合鸡蛋、盐、胡椒粉、洋葱丝
等食材团成肉饼放在煎锅上煎,
煎好后放进铝制盘子里冷冻,
再放入密闭容器储藏。做成肉
丸(图左),可随心调味。所谓
"麻婆肉泥"是我家的一个称
呼,解冻了之后直接做成盖饭
非常美味,和豆腐、茄子、粉
丝一起炒制也能轻松做出中华
料理。

色彩丰富,即使凉了也很美味,我经常做成
便当。煮得又甜又辣的肉泥搭配上米粉,口
感非常好。

"麻婆肉泥"创意食谱①
三色盖饭
材料与做法
① 将"麻婆肉泥"(由猪肉泥 500 克,葱 1 根,
姜末、蒜末适量,酱油、酒各 3 大勺,白砂
糖、汤料各 2 小勺,淀粉 2 大勺,水 100 毫
升,豆瓣酱 2 小勺,甜面酱 2 大勺炒制而成)
解冻。一人份的解冻量约为 50 克。
② 将鸡蛋(1 个)炒好,并将焯好的青菜(根
据个人喜好选择菠菜或者小松菜)切好,去
掉水分。
③ 在盛好饭的大碗里,把①和②盖上即可。根
据个人喜好可添加红姜和葱白丝。

"麻婆肉泥"创意食谱②
油炸豆腐包肉泥
材料与做法：
① 将油炸豆腐纵向切开，再将"麻婆肉泥"和一片芝士填进去。
② 用烤箱微微烤出焦痕，再切成容易入口的形状即可。

油炸豆腐包裹肉泥，既富含植物蛋白，又能够填饱肚子。

"麻婆肉泥"创意食谱③
长条饭团
材料与做法：
在卷帘上铺一块紫菜，放上适量的米饭，铺平。然后根据个人喜好放上"麻婆肉泥"、炒蛋、切碎的泡菜等，再卷起来。用保鲜膜包起来，出门的时候可以带上。

将喜欢的菜卷在一起，就不需要再另外准备其他食物了。单手拿着就可以吃，很适合让孩子带到学校里吃。

打造不浪费食物的冰箱

我家每周出去采购两次，采购前冰箱都会完全腾空。这也就意味着，我家一直按照定好的计划烹饪、吃饭，摄取了足够的营养。为了坚持这种不浪费的饮食习惯，采购完回到家及时做好准备工作，准备一些常备菜，是非常重要的。

比如说，把菠菜焯水之后，顺便做成凉拌菜装进瓶子里。每个月煮一次大豆，做成醋泡大豆等小菜。多余的蔬菜可以浸泡在甜醋汁里，制作成泡菜。冷藏、冷冻保存的话，可以随时拿出来充实餐食和便当。毕竟每道菜都从零开始做起，是非常费力的。做成常备菜保存起来，在很多时候会让我们省心又省力。

所有常备菜都放到半透明的容器或者自封袋里，收进冰箱储存。合理控制容器的种类和大小，能够有效和便利地使用空间。贴上标签，便能够提醒自己不忘记这道菜。

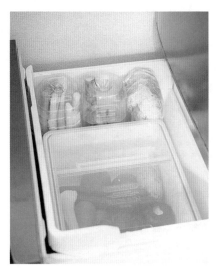

将蔬菜处理好备用

将蔬菜放到透明的大收纳盒里。这样既能够一眼看到蔬菜的种类和余量，比起分别装到多个小盒子里，也能够一次就全部取出来，更加节能。打开冰箱，就能够看到蔬菜们仿佛在说"快点把我们吃掉哦"。

都是处理过的食材，非常清爽

冰箱冷藏室里，整齐摆放着常备菜以及小菜的透明容器。因为我们无法管理好那些我们看不到的物品，所以尽量不要在冰箱深处也塞满东西。如果塞得太多，那些被挤在下面的东西往往会被忘记或者由于麻烦很少被拿出来，最终结果也是变质而无法食用。

冷冻储藏，为家人的健康保驾护航

将采购回来当天就制作好的小菜或者处理好的食材按照不同种类贴上标签。我在永旺[1]买的可微波加热收纳盒的槽比较宽，清洗起来很方便，这一点我很喜欢。

上、下两个冷冻室分类放置，找起来更加方便

（上方抽屉）烤制的面包、"便当百宝箱"（能够加入便当中的冷冻食品）等。

（下方抽屉）露出标签，一目了然地整齐摆放各类冷冻食品。

1　日本著名零售商。——译者注

能够消耗冷冻食品库存的菜谱

准备一些冷冻食品，很多时候就不会再为制作当天的饭菜所苦恼。"从零开始考虑今天晚饭做什么呢"与"把已经调好味的肉作为主菜吧"，这两种情况的心理负担是完全不一样的。不需要再去超市选购自己想吃的东西，而是看一眼自家的冷冻库存就能做出想吃的食物，既能够减少冲动消费，制定菜单也更加轻松。

我家经常会在冰箱冷冻室里备好丰富的食材，尤其是储备豆类食材非常便利。豆类营养丰富，大家都希望能够尽量多摄取，但现实中将豆类食材融合到菜单中的难度又比较大。

我家每月会采购一次干大豆（600 克），清洗之后放进锅里加水泡一晚上。次日开火煮 10 分钟，再盖上锅帽子 ® 放置 4~5 小时，大豆就煮好了（用文火煮 30~60 分钟亦可）。将煮好的大豆放入密闭容器中，加入醋，使其刚好没过大豆，就做成了醋泡大豆。可以把做好的大豆加入沙拉里面。也可以将大豆铺成薄薄的一块冷冻起来，需要的时候切下一块解冻即可用于烹制菜肴。

一次多做一点，剩余的部分可以切细后
用于烹制蔬菜豆腐杂煮或菜饭杂煮。

炒鸡腿肉
材料与做法
① 准备共计 1 千克的鸡腿肉（煎熟之后冷冻的
   鸡腿肉 2 块）、根菜（白萝卜、胡萝卜、牛
   蒡、莲藕、芋头）、蒟蒻、干香菇（用水泡发
   后冷冻的干香菇）。
② 将材料切成块状，放入适量色拉油进行翻
   炒。再用白砂糖、味啉、酱油（各 3 大勺）、
   盐（1 小勺）和高汤煮出味道。

金时豆洋葱沙拉
材料与做法
① 将洋葱（1 个）切成丝，加入适量的盐拌匀。
② 将金时豆（50 克煮好的金时豆，或煮好后冷
   冻的金时豆）与①浸泡在浇汁（1 大勺白砂
   糖，2 大勺色拉油，3 大勺醋）中。在冰箱
   中放置一晚即可。

金时豆是一个亮点。爽脆的洋葱搭配上软软的金
时豆，口感更具有层次。

大豆鲜汤
材料与做法
① 将剩余的蔬菜（如胡萝卜、西蓝花、洋葱
   等）与裙带菜煮成汤。
② 加入大豆（煮好的大豆，或煮好后冷冻的大
   豆），再加入搅拌好的蛋液，口感更丰富。

各式各样的汤，只要加入煮好后冷冻的大豆，就
能让蛋白质的摄取变得更简单。

自制冷冻食品，让制作便当更简单

对于我来说，做便当是每天的必要工作，因此我总是在思考如何让做便当的负担更小一点。专门为做便当而去准备很多菜的话，是比较辛苦的，因此我将平时做饭时做出来的菜的一半用于便当中，也就是所谓的"顺带做个便当"。有意识地为做便当而将一半的菜预留出来，做便当的心理压力就变小了。

将预留下来的菜用能够急速冷冻的铝制密封盒装起来，放到冷冻柜里。橙汁煮番薯、炒牛蒡丝等，早上起来从零开始制作的话是很麻烦的，如果有了这个"便当百宝箱"，即使在忙碌的早上也能够制作出种类丰富、营养充足的便当。

另外，对于肉丸、麻婆肉泥（参考 P104）等冷冻好的半成品菜，只要稍微再花点功夫，也能做出一道主菜。

这些自制冷冻食品不仅能够用于制作便当，在孩子们长身体食欲旺盛的时候，也能作为课间小零食与夜宵。

冰箱冷冻柜里的便当百宝箱
为制作便当而冷冻保存的菜品，一般预计 2~3
周内能够使用完。尽量去除菜品的水分，且摆
放在盘子上的时候不要让不同食材粘在一起。

在狭小的空间里高效地装盘
装便当也许与收纳是一样的。自制的南瓜点心
与煮红豆可以作为甜点。

让蔬菜更美味的浇汁

　　我家基本上以猪肉、鸡肉、鱼肉为主菜，每样每周吃两次，再加上其他配菜。配菜没有固定，一般按照主菜来确定合适的配菜，并保证足够的蔬菜摄取。因此，即使只是煮了一下或者蒸了一下的蔬菜也可以作为配菜。我将更多的精力放在让味道更丰富上，既有日式调味，也有西式调味。

　　让味道不那么一成不变的法宝就是浇汁和酱。一旦掌握了这个做法，就能运用一辈子。自制的浇汁和市面上的浇汁相比，没有那么多的食品添加剂，更加纯粹，也百吃不厌。尤其是将肉味噌加到蒸蔬菜里，口感会有一个巨大的飞跃，我先生就尤其喜欢。

我经常冷藏的浇汁

"照烧汁"能够让菜品口感更浓郁，非常适合配饭吃（图左）。

"甜醋汁"是将白砂糖、油、醋以 1 : 2 : 3 的比例混合而成（图右）。

其他

芝麻蛋黄酱

适合浇在蔬菜上。

材料与做法

蛋黄酱 4 大勺、碎芝麻 2 大勺、白砂糖 2 小勺、酱油 2 小勺、醋 2 小勺混合。

肉味噌姜酱汁

加在菜品上，使口感升级！

材料与做法

① 用煎锅炒制 500 克肉泥。

② 加入味噌 150 克，白砂糖 50 克，酒 2 大勺，味啉 5 大勺，姜末 50 克翻炒。

（冷藏可储存 2 周）

美味、安心、无压力地坚持自制食品

　　我常常觉得，家人能够保持健康的身体，是因为都在好好吃饭，对此我也很感恩。在孩子长身体的时候，我的每一天都从做便当开始。用一个1升的电饭煲煮好饭，装到便当盒子里，放凉。那时真的有种饭永远也做不完的感觉。有时候觉得今天太累了不想做饭，走到超市的副食卖场看了一眼，发现要买好5人份的副食的话，就超过预算了，只得作罢。因此，我深刻体会到每天做饭有多辛苦和重要。

　　尤其是我的大儿子上初三之后的两年时间里，我们基本没有什么交流，每天看到他带回来的便当盒空了，是我唯一的慰藉。无论什么时候胃都是连着心的，我怀抱着这样的期待忙于准备每天的便当。当然，这已经是久违的回忆了。

　　为了保证营养均衡的饮食，我参考了"一日所需食品量"（参考P94）。在"友之会"，将主食和调味料以外的食材开销称为"副食品费"，即使在餐费占据了我们大部分支出的那段时间，我也不会在这个费用上节省，我会在人均每日副食品费不超过500日元的前提下，保证鱼类、肉类与蔬菜的摄取量的比重为1：4。

　　在孩子还小的时候，我一直把做饭作为家务中的第一位。虽然是一项365天无休的工作，但是一想到家人们吃了我做的饭能够维持健康的身体，心里还有一点骄傲和满足。

　　要在有限的预算内保证营养和美味两全，"自制"是关键。虽然现在哪里都能买到任何你想要的东西，但是"自制"的话，能够保证使用最新鲜的、国产的材料，味与量也可以自由调整。在市面上很难买到和自制食品同等营养价值的商品，即使能够买到，价格也比较高昂。

不过，做饭是每天都要进行的工作，把自己弄得过于疲乏也是无法长久坚持下去的。我没有去专门学过做饭，都是自学成才。通过利用锅帽子®（参考 P124）来省力，充分利用简单混合或者煮制的常备菜，我在不断发掘做饭的乐趣。也许是因为这样，我才能一直坚持下来。

粽子的清香，烤面包的甜香……能够让这些香味萦绕在家人的记忆里，就是我最幸福的事。

煮苹果也可以冷冻
在众多苹果种类中，我最喜欢的是带有一点点酸味的"红玉"，每年初秋在店里看到了一定会购买。加入一点白砂糖做成蜜饯，色泽鲜艳，可以装点我的下午茶时光。因为能够冷冻保存，我会一次性做很多，然后用一年的时光慢慢享用。

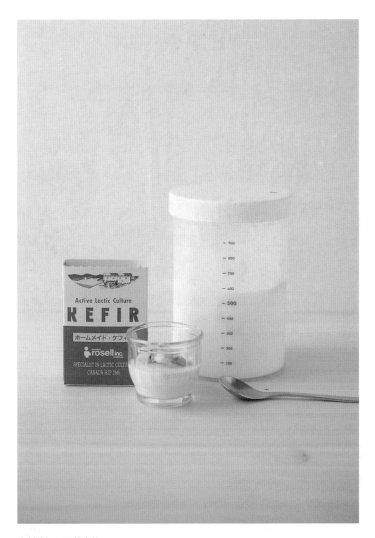

自制酸奶，强壮身体

每十天做一次自制酸奶，在 500 毫升的牛奶里加入带酵素的酸奶引子。20 年来我们家人没怎么看过医生，我有时候会想也许是自制酸奶的功劳。我喜欢加一点西梅干在里面，口感更好。

熏制也意外地简单

我家的熏制食物都是我先生自己做的。并不需要什么特殊的道具（我家用的是装煎
饼的盒子），厨房的燃气炉就可以。推荐熏制再制干酪和水煮蛋，尤其美味。

在铝制的盒子里铺上铝箔，再放入市面上卖的
烟熏架和少量粗砂糖。在烧烤网上放适量干酪。

盖上盖子，等冒烟了之后再用文火烤制5分钟。
虽然5分钟很短，但是能够让香味更浓郁，提
升熏干酪的风味。然后就可以取出来，注意不
要烫伤。烟熏烤猪肉和烤三文鱼也非常推荐。

我家从来不在外面买面包

孩子们长身体的那段时间，我每个月会用掉8千克的高筋面粉来烤面包。只需要花费一点材料费，就能大大节省家庭支出。现在我也会一次做很多，吃不完的就冷冻起来。可以随心调节配料，是自制独有的乐趣。

我一直忘不了我妈妈烤的面包的香味，所以自己也学着烤面包了。家里来客人时，我还会模仿客人的脸做一个"脸蛋面包"。虽然不太像，但也是我的一片心意。放到密闭容器中在常温下能够保存到第二天。不用烤箱时，我就用烤箱来装没吃完的面包。

家里只剩下三个人之后，宛如战斗一般的做饭任务终于告一段落。

孩子们都还小的时候，做饭这件事与其说是家务，我感觉更像一场战斗。包括我先生的那一份在内，我每天要做3~4份便当，每月消耗掉30千克的米，有时候出去采购时遇到强风，自行车都被吹倒了。最近几年，我才有时间一个人慢悠悠地喝一杯茶。

实践点心食谱书里的所有食谱

小小的点心，填满了我家三个孩子的胃。我想让孩子们吃一些纯天然、无添加的点心，而不是市面上卖的那些点心，所以选择了自制。而教我学习做点心的，就是一本可以称得上是圣经的菜谱书。发行于1984年的《妈妈选择的轻食和点心》，从甜点到轻食，书里的内容可谓非常丰富。

结婚后，我就一个一个地实践了书中介绍的食谱。虽然我没有特意去参加过做饭的培训，但是通过不断重复研究这本书里的菜谱，再花点心思，就能够成为料理达人。

我的大女儿有了孩子之后，也开始自制小点心。有一次她问我："妈妈，你以前做的胡桃点心是怎么做出来的？"记忆里自制小点心的味道，能够一代一代传承下去，我感到无比幸福。

在这里我要介绍一些深受家人喜爱，在我家的饭桌上长盛不衰的人气甜点。做点心时，飘浮在家里甜甜的软软的香味，以及妈妈亲手为孩子做的点心里蕴藏的满满爱意，都让我觉得做点心是一件很幸福的事。

我与点心结缘的契机

1984 年发行的这本书,在那个没有网络的时代里,悉心教会了我很多做点心的基础知识,是我生活的得力助手。书里精心介绍了点心、面包等轻食的做法,将天然而纯粹的美味体现得淋漓尽致。

《妈妈选择的轻食和点心》(日本主妇之友社刊)

豆腐白玉团子
材料与做法

① 将南豆腐（300 克）、糯米粉（200 克）在大碗中揉成团，倒入沸腾的开水中；可以先加入少量南豆腐观察硬度。

② 根据喜好做成红豆馅、水果馅或糯米团子（将白砂糖 5 大勺、酱油 2 大勺、水 2 大勺、味啉 1 大勺、淀粉 1 大勺煮制而成）。

（可冷冻保存）

豆腐中混合了足够的糯米粉，因此口感丰富。这样既可以摄取足够的蛋白质，也能够填饱肚子。

芝士球
材料与做法

① 在碗中倒入糯米粉（150 克）、牛奶（200 毫升），用勺子搅拌均匀。加入 4 大勺色拉油，再搅拌均匀。

② 加入低筋面粉（100 克）、烘焙粉（1 小勺）、芝士粉（60 克）、黑芝麻（少许）、盐（少许），揉至平滑，等分成 24 块，揉成球状放入烤箱。

③ 将预热好的烤箱设置成 180℃，烤 20 分钟即可。

（可冷冻保存）

"Pão de Queijo" 是巴西的一种芝士点心的名字。外表圆润可爱，口感软糯香甜。

意大利脆饼

材料与做法

①打一个大小适中的鸡蛋，与色拉油（2 小勺）、白砂糖（70 克）混合。

②加入面粉（120 克）、盐与小苏打各 1/2 小勺、可可粉（1 大勺）、坚果（50 克），捏成宽 12 厘米、长 20 厘米左右的块状，将烤箱设置成 180℃，烤 20 分钟即可。

③切成宽 1.5 厘米的条状，切口向上再烤 5 分钟，放凉。

满满的坚果香，比市面上卖的口感更酥脆。可冷冻保存。

黄豆粉糖

材料与做法

①将糖稀（340 克）放入微波炉（600 瓦）中加热 30 秒左右，倒入碗中，加入黄豆粉（240 克）与少许芝麻，揉成团。

②在砧板上滚成棒状，并随意切成块状。最后撒上适量黄豆粉。

大家都知道黄豆粉对身体很好，但是平时很少特意去吃。做成糖的话，就能够摄入足够的量。

只有自制布丁，才能惬意享用到鸡蛋自然的甜香。借助锅帽子®，用余热慢慢地加热，成功率更高。

布丁
材料与做法

①打3个大小适中的鸡蛋，加入白砂糖（60克）混合在一起。加入温牛奶（500毫升），用茶叶过滤网过滤一遍，倒入容器中。

②在平底锅里倒满水，将装有布丁胚的容器放进锅里，盖上盖子。

③锅里的水沸腾之后，转为小火，煮4分钟。关火后盖上锅帽子®放置10分钟（使用手持小锅的话，视结块情况而定）。

④放凉之后，浇上焦糖汁（* 将白砂糖50克、水3大勺、热水2大勺加热。着色之后关火，稍微晃动小锅），即可食用。

我家不可缺少的锅帽子®

20多年前邂逅"友之会"之后，我家的饮食发生了很大的变化。只需用火加热很短的时间，关火之后盖上锅帽子®放在一边即可。用余热来烹制食物，不管是炖菜还是点心，都能够轻松做出美味菜肴。即使是我忙得不可开交的时候，家人也可以随时吃到温热的饭菜。

提前进行年末扫除，让 12 月悠闲度过

一年结束之时，也是对度过的安稳而顺利的一年表达感谢之情的重要时间。12 月还有圣诞节，也充满了为新年做准备的热闹气息，平时不住在一起的亲人们也会大多重聚。如果在这种时候，因为大扫除或者出门采购而导致身心俱疲，那就太得不偿失了。

为了能够悠闲顺利地度过年末这段时间，最好能提前进行各项工作。比如我家，就会默认利用每年的 11 月到年末这段时间，提前进行年末大扫除等工作。这样，12 月的时候就可以拿出更多的时间享受假期，悠闲度过。

首先可以以月为单位，写下每个月需要做的家务。家务可以按照衣、食、住、家庭事务四种进行分类。根据这样的分类，就可以按部就班地完成每个阶段需要做的家务。

比如，天气转凉的时候，就要记得提前拿出冬季用的被褥，并在玄关处放好冬季穿的厚鞋。如此这般早做准备，就可以让 12 月变得更加轻松。

并且，早点开始年终大扫除，所花费的时间也比 12 月份再进行大扫除要少得多。

比如，如果 11 月就开始整理家中废弃不用的东西，把可回收垃圾卖到废品回收站的时候，因为还没到年底集中买卖的时候，所以等待所需要的时间也变少了。比起年末再卖，这样不会因为卖废品的人太多需要排起长长的队伍而花费很多时间，并且由于时间过长导致自己的计划被打乱，早做准备更加轻松，可以用清新爽快的心情迎接圣诞和新年。

相反的，也有一些工作可以不在这个时间节点来完成。比如，不在年

末的时候清洗换气扇。换气扇非常笨重，要想清洗首先要把它拆解成零件；再加上冬天气温低，里面的油污凝结，难以清理。把清理换气扇的工作换到来年夏天再进行也不失为一种办法。

很多时候，11月和12月的家务最终就变成了需要女性一手操办的工作。但是，按理来说年末扫除的工作应该由全家成员共同分担。如果只是一心想着家务得快点完成，心情就会变得沉重。可以尝试和家人商量一下，让家人帮忙分担一些工作。可以在工作计划表上，用五颜六色的记号笔或者标签标记出每个人需要负责的事情，为繁忙的年终大扫除添上一丝色彩。

如同下一页的表格，每家每户都可以做一个这样的表格，上面标记需要做的事情、负责的人以及在什么时间做，完成之后在旁边打个钩。把所有的工作全部完成后，全家人就可以一起开开心心地出去看一场电影。

同时，将上一年的"家务计划表"保存下来，也可以作为下一年的家务安排参考。

写下来，让思绪更清晰

在急急忙忙的年末，由于需要考虑各种事情，如果光用脑袋想就太累了。这时候，可以把必须要做的事情列个单子，按照衣、食、住、家庭事务四个维度进行分类。在这之后，再根据日期制定日程，就容易进行安排了。需要注意的是，将计划表上的事情都做完之后，还可以追加别的工作，所以并不需要一开始就强行定下过多的工作计划。计划表做好后，也不需要光靠自己一个人完成，需要帮助的时候可以找家人一起。此外，可以把自己一个人做的事情安排在平日白天，与家人一起做的事情安排在周末。

年末家务表格化

	日期	11月	日期	12月
衣	11/2	大物洗涤 （窗帘、沙发套等）	12/1	准备新年用的新毛巾和内衣内裤
	11/5	衣服分类和处理 不要的衣服可以剪成抹布 用完即丢	12/15	准备客房用的床上用品
	11/10	拿出冬季的防寒衣物 （护膝、围巾、手套等）		
	11/15	检查卖到跳蚤市场的东西		
食	11/1	整理餐具柜	12/10	制定圣诞节菜单的食材购买 计划
	11/2	整理锅碗瓢盆	12/11	制定元旦菜单的食材购买 计划
	11/3	用掉干货和冰箱里的食材	12/20	清空冰箱
	11/20	磨菜刀	12/31	做荞麦面（日本过年习俗）
住	11/10	不用的东西（书、衣服等） 处理／扔掉	12/15	圣诞节装饰
	11/15	开始大扫除	12/20	完成大扫除（窗户、浴室）
	11/16	准备并检查取暖器	12/30	过年装饰
	11/17	整理鞋柜、玄关		
	11/18	整理并清理各类收纳柜		
家庭事务	11/10	整理并处理各类信件	12/5	总结年度收支，制定来年预算
	11/12	检查留存信件	12/8	准备圣诞贺卡、圣诞礼物等
	11/15	整理孩子的东西 （尽量全放到一个箱子里）	12/10	准备新年贺卡
	11/16	制定大扫除之后的放松计划 （圣诞派对、看电影、看演唱 会、旅游等）	12/20	准备小游戏

我　　　先生　　　孩子参与

制定预算更安心

准备一个家庭记账本，也就是捋清每个费用科目下的资金情况。

通过给各项费用设定一个预算上限，就可以以"今年的生活重点在哪里"的视角，对一整年的家庭开支进行审视。在家庭总年收入的范围内，即使某一项费用意外多出了一部分，也可以及时调整其他费用的预算。

即使去看存折或者钱包里面还有多少钱，也难以基于这些信息去了解家庭的现金流入、流出情况。而家庭记账本的目的，就是让我们可以清楚地了解这些难以掌握的家庭现金流情况。现在许多家庭都拥有很多张信用卡，买东西也都是直接刷卡或手机支付，所以家里剩余现金情况并不透明。

虽然即使有了家庭记账本，家里的钱也并不会因此变多，但是收支变得容易掌握，这就给掌握家庭的经济状况提供了一个好的开始。

"虽然想着挣多少花多少，但是经常就入不敷出了""一想到将来可能存不下什么钱，就很不安"……我听说很多人在家庭收支管理上存在烦恼，但是很多人仅仅是认识到家里的收支情况有问题，却对家庭收支的现状一脸茫然。如果看不到未来，就如同在漆黑的隧道中摸索一样，会产生强烈的不安，难以前进。而家庭记账本就是能够点亮隧道的一盏明灯。

现在有很多结婚后夫妻两人都出去工作，家庭开支也是两人共同承担。但是，如果两个人都对对方的存款情况不够了解，对整个家庭的经济状况也会是一脸茫然，难以掌握。

虽然每个人对"婚姻"的理解都不一样，但是我最近开始意识到，结婚就是两个人"共享"一切。通过共同生活，两个人共享时间、空间、欢乐、悲伤、育儿的辛劳，以及家庭的经济状况。如果不能共享家庭的经济状况，就难以构建夫妻之间的信赖关系。

有时，夫妻之间的金钱观也不尽相同。如果想让两个人从同一个角度思考问题，可以想一想"取、分、减、收"的规则。这也可以用在家庭收支管理上。

1.整理出在每一个项目上具体花了多少钱；

2.根据费用项目不同，分别制定预算；

3.试着降低支出过大项目的花费；

4.分项目制定预算，再做整体调整。

要结合每个家庭的实际生活习惯，进行预算制定。

支出的变化就是家庭生活的轨迹

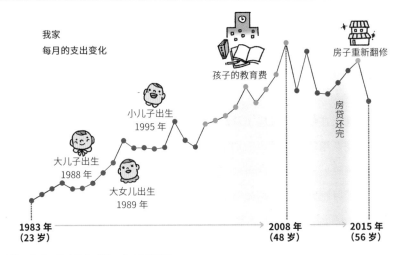

我家
每月的支出变化

孩子的教育费

房子重新翻修

小儿子出生
1995 年

大儿子出生
1988 年

大女儿出生
1989 年

房贷还完

1983 年
(23 岁)

2008 年
(48 岁)

2015 年
(56 岁)

随着三个孩子的出生和成长，支出不断增加
2008 年，由于要供养初中生、高中生和大学生，支出达到顶峰。之后，大儿子经济独立、大女儿结婚、小儿子国外游学，孩子们陆续独立，支出也随之逐渐下降。

关于水电费等的账单和收据，如果总想着先放在那儿，以后再处理，大多情况下以后也不会处理。最好分门别类到有多个夹层的文件袋中。另外，如果把文件袋放到厨房的碗柜抽屉里，就可以随时取出查看（参考 P60）。

文件袋的盖子剪掉会更容易用来收纳票据。

用零花钱记账本守护孩子的成长

孩子们在小时候经常会问："我们家到底是有钱还是没钱呀？"在我家，每当这时，我就会回答说："我们既不是很有钱，也不是没钱。"虽然不是有花不完的钱可以随便买东西，但是我也不想让孩子认为家里真的没有钱。由于我家设置了家庭记账本，所以每个月的收支都可以以数字的形式清楚地体现。孩子们意识到了生活不能大手大脚，从这个角度来说，父母记账，也是培养孩子对于经济的理解。

为了让我家的三个孩子可以掌握如何有节制地花钱，在他们上小学后，每年一月我都会给他们零花钱和零花钱记账本。我规定他们只有把上个月的零用钱情况好好记账，下个月才能拿到零花钱。之所以从开学前[1]的1月就开始记账，是因为1月的时候可以拿到大额的压岁钱。可能有的家长会认为可以先让孩子把压岁钱交给家长保管，但是我们家是希望孩子自己管理自己的现金，从而能够体会到存款逐渐增加的感受，家长只是在旁边辅助即可。

从10日元的小硬币，到100日元的零花钱，再到大额的压岁钱，全部交给孩子，让孩子自己记录和管理资金的流入、流出。首先，要让他们养成按照实际情况记账的习惯。之后，再给他们开设一个银行账户，让他们每年用几次这个账户。每年，与孩子坐下谈谈，了解他们的用钱之处和管理现金的想法。这样，就会促使他们更加认真地对待现金管理这件事。

1　日本的学校每学年的开学时间为4月，而非9月。——译者注

如果只是跟他们说"你的钱先交给我保管吧"，对于孩子来说，之后这笔钱如何已经与他无关，他也无所谓了，而难得的让孩子学习现金管理的机会也就这样浪费了。如果能够让孩子们看到，银行账户名上写的是他们的名字，印章也是他们自己的名字，他们就会对这件事更加有切身感触，更加用心地去学习管理现金。

我家孩子上大学时，我就会让他们按照费用科目进行管理，设置"经济记账本"。如果能够知道自己在每种开销上都花了多少钱，就可以更有计划性地花钱。小儿子进入大学、开始一人独自生活的时候，也在继续记账。通过把握自己的收支状况，他就可以掌握花钱、获得生活费与打工赚钱之间的平衡。在刚入学的时候，我们每个月给他 10 万日元的生活费，大约过了半年，他就主动跟我们说，只要每个月给他 5 万日元就够了。我们在惊讶的同时，也欣慰地感受到他逐渐掌握了自己的经济状况，不断地在成长。

现如今已经进入到无现金时代，只要点击几下机器就可以完成收付款。正是在这种已经不需要使用现金、对于花出去多少钱没有实际体验的社会，更要从孩子小时候抓起，让他们把握经济状况，学会管理金钱。

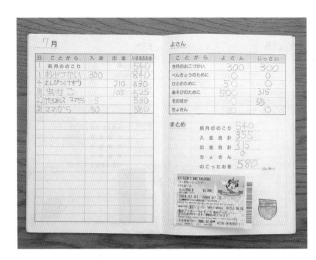

小学时代的零钱记账本

当时会把去看电影的花费、送给朋友礼物的钱等一切与曾经回忆相关的东西都写上去。现在翻起来，这本账本除了记载现金收支，也记满了当时孩子的性格、交友等一切的成长轨迹。

大学入学相关的教育费 (年度)		单位：日元
考试费用	1 家公立学校、3 家私立学校	220,246
入学费	私立学校（暂未付）	270,840
	公立学校	351,820
学费（每年）	公立学校	535,800
		小计 1,378,706

开始新生活的开销		
电脑相关	电脑、打印机	143,955
家电	洗衣机、冰箱、微波炉、电磁炉、吸尘器、电热水壶、面包机	70,350
生活用品	地毯、窗帘、桌子、厨房用品、床上用品、浴缸防尘盖、扫把、消耗品等	62,837
搬家费	租车、交通费	105,066
	*桌子和床是从老家搬过来的	
		小计 382,388
房租	9 个月	小计 280,944

（2014 年 大学一年级）

小儿子的花费明细

小儿子也从小记零花钱账本。他在一个人上大学独立生活之后，为了明确掌握自己的经济状况，一边记账，一边思考如何根据实际情况调整预算，非常懂事。

小儿子上大学时的教育费

随着孩子升学，教育费会有很大的变动。孩子突然说想去私立大学，或者说先去短期海外留学，就会突然增加很多开销；把回老家的计划改为家族出游，就会多出许多"休闲费用"。我在家开补习班，也是希望能够获得更多的收入来源。对我家而言，最艰苦的时候是同时供养两个私立大学学生的时候。左侧表格是小儿子读大学时的费用一览。如果想从日常开销中找出可以节省的空间，那么使用家庭记账本是一个很好的办法。

固定支出 【每月平均·日元】			生活费明细 【每月平均·日元】		
学费	45,000	收入	汇入生活费	50,000	
租金	31,000		打工收入	60,000	

	食品费	29,111
	水电煤气费	5,331
	衣服费用	12,933
支	交际费	2,346
	教育费	20,318
出	保健卫生费	694
	特别费用	4,882
	交通费	16,664

平时打扫卫生只用三种环保清洁剂

我虽然喜欢整理物品，但是讨厌打扫卫生。现在虽然还是说不上喜欢打扫卫生，但是想到如果住的地方脏脏的，也会同样觉得难受，所以我给自己定下的标准就是家里要能够达到住起来不难受的干净程度即可。

在超市里虽然有各种各样用在不同场所、针对不同污渍的清洁剂，但是我们家用的就是小苏打、柠檬酸、倍半碳酸苏打这三种基本的环保清洁剂。在清洁时，不需要按照厨房、浴室、厕所这样根据场所划分，而是要根据污渍的性质进行选择。污渍是油性的还是水性的？如果能搞清楚这一点，这三种清洁剂就完全够用了。

这三种环保清洗剂不会产生过多的泡沫，所以冲洗时也不会耗费大量的水，非常环保。同时，由于都是天然成分，对于家里有小孩的家庭也非常合适。

如果想让打扫卫生变得不那么痛苦，就要想办法简化打扫卫生用的清洁剂和道具。

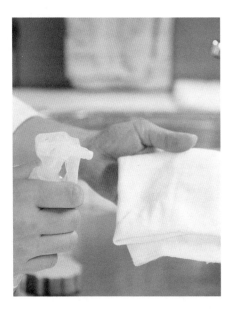

根据性质分情况使用

对油污很有效的倍半碳酸苏打在厨房中非常有用。由于其对皮脂油污的去污能力也很强，因此也很适合用来浸泡衣物。弱碱性的小苏打比起倍半碳酸苏打对手部皮肤更柔和，因此更适合日常使用，去除轻微的污渍。酸性的柠檬酸对水垢和尿渍等污渍十分有效。

清洁剂都集中放到一个地方

可以将各类清洁剂放到用完的瓶瓶罐罐中，然后在盖子上写上名称，防止用错。使用时可以装入喷壶里再加水，这样使用起来既快速又方便。倍半碳酸苏打可以每小勺配500毫升水，小苏打和柠檬酸可以每小勺配200毫升水。

放松心情，缓解支出压力的家庭菜园

　　玄关前进门的一小块土地，或者是后院，即使一小块土地也可以让家庭充分享受种菜的乐趣。不知不觉间，菜园里就会种满小西红柿、苦瓜、香草、豆子等。每天早上，可以在取报纸的同时顺便看看每种菜的生长情况。同时，种菜也是可以感知四季变化的宝贵契机。

　　在家里布置这样一个菜园，可以让家里的孩子随着成长感受自然和生长的美感。同时，夫妻俩一起摆弄菜园，共同话题也会增多。"苦瓜长势不错""芦笋长得不错，但是三年后才能收，还要等很久啊""这个黄瓜味道浓郁，很好吃"等，聊一聊菜园里的植物，不会觉得无话可说。

　　初春，从厨房窗户向外望去，能够看到李子新长的芽；晚秋时，就能看到枯萎的枝丫。

　　每天我与先生一起坐在餐桌前，只要往窗外看一看便会觉得心里暖暖的，也许也是因为我们年纪大了吧。

种点可以吃的东西吧

不知何时，我们家的花园变成了以种菜为主：辣椒、小西红柿、草莓，以及其他各种蔬菜。到了过年时，还可以做泡菜，非常有年味。此外，种菜的肥料都是家里的厨余垃圾经过混合再利用而制成的。

只要一点就可以让生活变得有高级感

我们家做的便当里，使用的蔬菜和香料大多都是出自我们的菜园。葱、生菜等东西只要一点就可以起到便当的装饰作用，因此不需要去市场上大量购买，自家菜园种即可。

心仪的居家好物

　　做喜欢吃的饭菜、用轻松愉快的心情度过每一天……宝贵的时间，要用自己喜欢的物品陪伴着度过。

　　烤箱在我们家，不是直接放在厨房里一眼可见的地方，而是嵌入了柜橱里。如果单独放置，就会占用水池旁边的空间，还会容易落灰。像我们家的烤箱，由于尺寸不大，可以完美塞进橱柜里。虽然烤箱里面会有一些污渍，但是我家的烤箱是镜面玻璃的，因此从外面也看不到。

　　每天用来煮饭的陶锅也已经换过一次。经历过日本大地震之后，我们也想要尽量节约用电，因此把家里的电饭煲淘汰掉，改用以前的陶锅。改用成陶锅后，我们又发现了米饭的另一种美味。并且，陶锅做出来的剩饭即使不放到保鲜盒里，也能保持美味并且可以长时间储存，这一点也给了我们很大的惊喜。

　　我们家的咖啡壶放在厨房里也变成了一道景色。咖啡壶是可以用明火加热的摩卡壶，不需要像滴滤式咖啡壶一样额外使用滤纸。此外，少量的咖啡豆就可以萃取出浓浓的咖啡。

　　然后就是锅帽子®（参考 P124）。我们已经用了 20 多年，现在已经换了第三个了。这是一种用蓬松的棉絮填充的锅盖，在各地的"友之会"都可以买到。我也曾自己动手做过。由于其中充满了棉，保温效果非常好。从火上端下来的锅盖上锅帽子®后，非常保温，适合制作慢慢烹制的菜品。我在自己家的客厅、餐厅开补习班的时候，由于一直到晚上 7 点都不能用厨房，我会把提前做好的饭菜用锅帽子®盖上，放到二楼。这样，女儿就

烤箱

8 年前我花了 4500 日元购买的烤箱，是 TWINBIRD 品牌的。由于采用了镜面玻璃，启动的时候里面的灯可以照亮烤箱里面，不用的时候则看不见里面，不用担心里面的面包屑。

摩卡壶

可以用明火加热的浓缩咖啡壶，是意大利比乐蒂牌的摩卡壶。通体为铝合金制造，可以做出纯正的意式浓缩咖啡。

陶锅

三四人份的带盖陶锅。放到火上煮沸后可以马上拿下来，然后盖上锅帽子®即可，可以节省燃气。

可以在饿的时候自己直接取出饭菜。繁忙的时候同样如此，锅帽子®可以让家人随时吃上热乎乎的饭菜，是一个非常方便、有用的工具。

上面提到的东西，每一种都是预想了使用场景、认真测量了尺寸之后选择的。虽然都不是什么贵重的东西，但是缺少了哪一个都会让生活变得不便，缺少了一些滋味。

在决定一个东西到底要不要买的时候，一定要慎重。在整理房间收拾屋子的时候，要"断舍离"，敢于扔掉东西。最重要的是在买的时候，就要慎重考虑到底是否需要这个东西。

休息日放松之时就去山里走走

我们家在休息日时，常常选择夫妇二人一起去街上逛逛，或者去山里走走。这种习惯源于有一次先生对我说："你平时总是在家工作，周末就转换一下心情，出去看看吧。"

天气好的周末，我们会去一个当天可以往返的地方爬山。一边逐一准备好户外用品和衣服，一边计划着下次我们去哪里。这是我们最幸福的时刻。

通过登山，在高处远眺，可以休息眼睛，治愈心灵。在毫无人工雕琢痕迹的大自然中，视线可以一直望到地平线远处，或者看到山峰的棱角。每当这时，我们就会惊叹于大自然的创造力是多么神奇。

同时，我也会感受到在日常生活中，眼睛和心灵接受了多少繁杂的信息。

令人心情舒畅的生活之道

CHAPTER 3

———————

　　作为整理收纳咨询师，我因为工作原因拜访过许多家庭。很多时候，我在进入整理收纳的正题之前，往往要先听对方讲讲自身的烦恼。我的客户基本上都是家庭主妇，但是她们大多都感觉生活不容易。我为了能够帮助到客户，会首先认真地倾听她的话，让她发泄出心中的郁结。之后，我会结合自己的整理收纳经验，向客户提供建议，希望能够帮助到她。我希望能够一个人一个人地帮助下去，让她们收获令心情舒畅的生活之道——这也是我一生致力的目标。

我的家务观念

希望我帮忙进行整理收纳的，大多都是 40 多岁的家庭主妇。

"虽然是自己家，却不知道该在什么地方放什么东西。"——A 女士感到束手无策。她家里面的纸箱都敞口堆在一边。我问她这一点时，她说这些纸箱都是以前搬家时放在那里的。"也没有时间收拾，所以就一直没有动手整理"，因为 A 女士还要工作，而工作的重要性是排在家务之前的。再继续问下去，A 女士说："由于家里一直没有收拾，乱七八糟的，所以在家待着也很难受，我们就经常出去吃饭，或者带着小孩在外面玩。"此外，她还有一个烦恼，就是虽然一直在工作，却一直存不下什么钱。

外出工作的女性越来越多，所以现在很多家庭的女性都是积累一定的职场经验之后再生小孩。这也导致许多家庭女主人已经 40 多岁了，但孩子还很小。工作上由于有操作标准，随着经验的积累就会逐渐得心应手，但家务却又复杂又难以掌控，比想象中要困难得多。可能现在从小就帮着家里做些力所能及的家务的女性也越来越少了。并且，对于 40 多岁的女性而言，最重要的往往是工作和育儿，之后才是做家务。即使是家务之中，花费最多时间的也往往是与全家人健康相关的做饭，整理房间往往就显得没有那么重要了。

如果家人也能帮忙整理一下房间，那么女主人们就会轻松许多。然而许多家庭不擅长整理房间的原因之一，是夫妻之间不能好好沟通。"是你在到处乱扔""那一片还没收拾"等，没有确定某一片区域的整理负责人的话，就会导致家里产生很多大家谁都不收拾的"无人管理区域"。

A 女士难得拥有一间如此漂亮的房子，如果总是想着逃出房子，那就太可惜了。所以我就和她一起动手，从一个点开始着手，让她逐步体验如何去整理家务。

当一间 10 平方米大小的被当作储藏室的房间被整理得焕然一新时，曾说过"在家里住着实在是太难受，甚至都想过搬家"的 A 女士的表情明显不一样了。"虽然出去转转很开心，但是现在在家待着也会很开心了。"——A 女士的一家人已经开始期待未来在家里的生活情景了。

回首自己的人生，我 40 岁左右的时候，生活也是被家务、养育孩子以及工作占满了。随着孩子逐渐长大，家里的东西也越来越多。在这种情况下，我就养成习惯去关注家里东西的总量，注意东西的新陈代谢。处理东西的速度也不能减缓。特别是人过了 50 岁之后，体力、精力也大不如前，很容易就犯懒，变得懒得收拾。

"家里有不方便的地方，自己先动手整理一下试试"的习惯，最好能在 40 岁之前养成。

忙到没有空闲时间去做家务的时候，更要掌握做家务的能力。这个道理，我有切身体会。

像做瑜伽一样，"一吸一呼"地生活

　　曾经有朋友邀请我一起去上瑜伽课。说到瑜伽，大部分人可能觉得瑜伽就像是做体操一样，但其实瑜伽不只如此，更重要的是将身心结合，自内向外掌控身体。

　　首先要闭眼，稳定重心，然后有意识地进行腹式呼吸。先是慢慢暗数"1、2、3、4"进行吸气，然后再暗数"1、2、3、4、5、6、7、8"，用吸气两倍的时间进行呼气。呼气时要深深吐出身体里的全部气体。这样进行"吸—呼"一段时间，就会让身体放空，身体、心灵和记忆都会归零。身体里的血液循环也会变好，头脑也变得更清晰了。

　　我们每天都会让呼吸紊乱。头脑中想太多的事情，心中有太多想法，都会导致呼吸过度。

　　可以说，我们居住的空间和我们的身体是一样的。买了太多东西的家，就像是过度呼吸的身体。库存太多，或是留着太多已经不用的东西的家，如果不赶快进行"呼气"，当然会很痛苦。"住"这个字以左右偏旁来看，是以"人"为主。但是家中东西过多，反客为主的家庭又何其多呢。

　　在居家生活中，比起"吸气"（买东西），"呼气"（用掉东西、扔掉东西）更应被重视。

　　瑜伽的呼吸方式，不正是轻松愉悦的生活的启示吗？

远离"现代病"，做好情绪的"取、分、减、收"

"在网上看别人做的整理收纳以及室内装潢时，自己总会感到很失落。"——来向我咨询整理收纳问题的 B 女士如是说。网上有好多人上传的精致照片，在照片里，他们的家都整理得井井有条，并且还装修得很有品位。看着这样的照片，大家往往都会不由自主地将其与自己的家进行比较。然后大家便会照着网上的照片来改装自己家。但是改着改着，心里觉得还是哪里不太对。我当时心里很惊讶，居然有很多人都有这种想法。

然而，在网上发布这些照片的人其实心里也有很多烦恼。比如 C 女士，她在社交平台上发了很多自己家井井有条的照片，但是她心里并没有获得满足感。据她说，虽然她把自己的家布置得井井有条，但是家里人却没什么反馈，让她感觉很受忽视。她通过把照片发到网上，让网上的粉丝点赞和评论，从而缓解一些心中的郁闷之情。

我认为，不仅仅是自家装潢，大家甚至将家中的一日三餐菜谱、自己的育儿心得，以及其他的希望别人认为"这个人生活得真精致"的一切元素都发到网上，然后再互相攀比的行为，就是所谓的"现代病"。

首先，要注意做好情绪的"取、分、减、收"。可以试着写出自己现在所抱有的情绪，看看到底是什么样的情绪（高兴？痛苦？不甘？羡慕？）。如果是负面的情绪，就要主动减少与导致自己产生这种负面情绪的元素接触。其次，还要意识到自己每种情绪的"极限"。注意不要让"愤怒"到达极点，然后再看看，自己距离"高兴"的极限还有多少。如果感到心情烦乱、情绪不稳定，请一定要做一做情绪的"取、分、减、收"。

"收拾老家" —— 为什么要立马开始

最近这几年，我回老家看望父母的时候，顺便也开始收拾老家的房子。我的父母是昭和时代[1]初出生的人，那个年代物资较为匮乏，因此很难做到把不要的东西痛快扔掉。他们出于扔掉就太可惜了的所谓"正确的价值观"，舍不得扔任何东西，会把东西塞得到处都是。我父母还说："即使不收拾房间，也没什么不方便的。"但是换作是我，如果卧室里堆满了东西，我就会担心地震的时候砸到人；地板上堆了太多东西的话就会影响打扫卫生。我一直坚信房子和生活就应该井井有条。我是只要在家里就会四处收拾屋子的人。但是我在父母的房子里，却不知道该从何下手。

在我快要感到我其实只是在自我满足，是在给父母帮倒忙的时候，我母亲住院了。在办理住院手续、保管贵重物品、签订保险合同，以及照顾独自在家的父亲的时候，我再次感受到了收拾老家房子的困难。

由于是二老住了很久的房子，所以收拾的时候，还要考虑不能在收拾完后让两个人觉得反而不方便了。为了先确定目前的房子有哪里住着不方便，我先开始观察我父亲的日常作息。于是，我首先就看到父亲被每天寄过来的大批信件埋没的样子。这里面有水电费账单、报纸、小广告，还有地方发行的免费杂志等，所以想要将它们分类进行处理十分困难。由于父母不用电脑，所以他们和外界联系都是用传真或者邮寄信件。如果把所有的纸质信件都塞到一个纸袋里，那么信件就会越积越多，难以处理。看到

1　1926 年 12 月 25 日 ~ 1989 年 1 月 7 日。——译者注

拿着放大镜努力分辨各种信件的父亲，我真的想向送信的人大喊："不要再给年纪大的人发企业广告和广告目录了！"

还有好多东西已经放不进抽屉或者储物柜里，被我的父母高高地堆到了客厅里。我先把这些东西都撤走了。然后，我还把那些放在伸手才能够到的架子上面，需要经常使用的东西也都拿了下来。如果伸手都够不到，那么这个地方就不应该存放物品，连架子都不应该有。如果不撤掉架子，万一哪天有颗螺丝钉松了，架子倒下来，就可能砸到人。对于老人来说，安全是重中之重，需要踩着东西才能够到的架子不如不用架子。

在收拾老家房子的时候，我还发现有很多大件的家具和不用的东西。我很想着手处理这一部分，但是最终我还是决定先让真正重要的东西放在马上就能拿到的地方。

父母那辈人生活的年代，家里如果进了小偷就麻烦了。所以，他们会把存折、印章、证书、银行卡等贵重品故意放在谁都看不见的地方。但是，一旦到了需要用的时候，他们往往会"哎呀，这东西让我放到哪里来着"，想不起来到底放在了哪里。

但是，这种事情其实与所生活的年代无关，还是放不放在心上的问题。比如灾害来临，需要逃难的时候，贵重品就应该放在随手能够取走的地方。重要的东西原则上应该放在"黄金区域"（即伸手就可以够到的便利场所），要按照这个原则进行屋内布置。

此外，老人的房间里，房间观感的重要程度也应该下调。按我这个年龄的人的想法，大多数人会觉得收拾得整整齐齐的家很好看，或者东西很少的家很好看，但是对于年纪大的人，如果房间里过于干净整洁，放眼望去都看不到什么东西，他们就容易心里发慌。

对于年长者来说，家中物品是有着多种象征意义的，是可以满足其占有欲的东西，也是可以勾起他们对过去回忆的东西，更是让他们保有初心的东西。看着这样的家中物品，老人们会逐渐安心下来的理由也就不难理解了。我们也需要带着这样的理解，去开展老人的房子的整理工作。不需要整理出像杂志照片一样的干净房间，而应该整理出能够防灾并且干净、适合老人生活的房间。

对于父母辈的人来说，丢垃圾也是一种负担。根据各地法规不同，除了可燃垃圾、不可燃垃圾之外，还有许多细小的垃圾分类规则。老年人的判断能力和行动能力甚至连垃圾分类都难以进行，更别提将分类好的垃圾根据规则进行丢弃了。厨余垃圾还算容易分辨，但在这之外的旧纸箱、不穿的衣服、别人送的东西等就变得难以分类，更难以丢弃，最终只好都堆在阳台或者厨房里，成为"污染"房屋的元素。如果住得离父母远一些，就更加难以发现他们在垃圾分类上的困难之处。我们习以为常的，例如"把旧报纸收集起来集中扔掉"这类事情，对他们而言可能就是一种负担。

收纳整理需要能够客观认识"现在的实际"和"未来的情况"，并对物品进行甄别的能力。最好能在父母有精力的闲暇之余，对他们说"我们一起来整理吧"。考虑到将来可能父母也会搬到养老院去住，整理的时候，最好可以将东西都收纳到老人也能搬得动的纸箱里。此外，如果与父母同住，对于父母重视的东西还有所把握，但如果是分开住，就难以判断了。而收拾老家的房子正是一个好机会，让我们知道父母重视的东西是什么。

如果心里抵触扔东西这件事，那么也不需要强行逼迫自己去扔掉那些东西。可以换一个角度进行考虑。家里还需要留下些什么？这样想的话，就会明白家里首先需要扔掉的东西是什么。由于我们做家庭整理收纳的目的是为了让父母可以愉快、安全地安享晚年，那么我们在进行整理的时候也不能忘记这个目的。

我听说过很多人在帮助自己父母整理的时候不但把关系搞得很僵，房间也没有整理好。虽然说是我们的父母，但是他们已经年老，心中也有敏感之处，我们还是要顺着他们的心意去整理房间，没有必要把他们的房间整理成一丝不苟的样子。说到底，帮助父母整理房间也是一个增进两代人之间关系的事情，最好留出双方都可以退让、可以接受的余地。

有时候我们也难以向父母开口，说要帮助他们整理房间。这时候，可以在他们70岁、75岁、80岁生日的时候，或者在他们结婚纪念日的时候，说"我来帮你们整理房间吧"。

现在帮别人整理房间的我们，可能将来的某一天也会变得需要别人帮助我们整理房间。我也一直觉得，尽量不要给身边的人或者子女造成太多负担，浪费他们太多的时间。

"自己的行李最好只有半个行李箱的量。"请用这样的方式度过自己的后半生。

中国香港的整理纪行

2016 年 3 月份，我由于 NHK[1] 的一个节目录制需要，获得了一次去中国香港的机会。中国香港的人口密度居世界前列，99% 的人都住在高楼林立的拥挤高层之中。我们采访了一个家庭关于整理房间的需求。这个家庭里，夫妻双方都已经 40 多岁了，而且都是公务员，孩子上高中，三个人住在九龙的一个普通高层住宅中。房间是一个开间，大概只有 25 平方米。

由于气候潮湿，墙上都凝结了露水。即使是这样，由于大多数家庭都没有阳台，所以只能把衣服晾在窗外的晾衣竿上或者室内。在狭小的家里，除了一台空调，还有两台除湿器和两台电风扇。除此之外，还有大型冰箱、洗衣机、烘干机、电视、电脑、电子琴、沙发、床、柜子等家电和家具。

由于租金太贵，也不方便搬家。大家为了满足自己的购买欲，一个接着一个地购买最新款的家电。如同拥挤的街道一般，家中也十分拥挤，完全没有让眼睛可以休息的"留白"。此外，家中还有许多由于"作为香港人就得批量购买"的理由而买来的大量消耗品堆在各处，简直连落脚的地方都没有。我仔细一问，发现在香港居然是这样的：以抽纸举例，一般为 6个一组，每两组绑在一起销售，再额外赠送 3 个。再加上家里住了三个人，每个人的东西都堆在家中各处。看着他们早上穿衣、晚上吃饭等时候要不停把家中堆着的东西到处移动，不由得感到他们真是太可怜了。

其实只要对空间进行有效利用，就可以多出许多空间。为了让这家人

1　日本放送协会，即日本的一家电视台。——译者注

感受到这一点，我首先从玄关开始着手，把原来乱七八糟摆在地上的鞋子放到鞋架上，原来只能打开一半的门也终于可以完全打开了。中国香港还很流行废旧品回收，所以可以及时把不要的东西丢出去。比如在玄关，通过把不穿的鞋子收起来，就收获了很多空间。我把"取、分、减、收"的法则告诉女主人之后，她马上就理解了。

由于节目拍摄的需要，我能够用来进行整理的时间只有两天。所以，我决定先把这家的所有抽屉、柜子等都打开，检查一下里面都有什么。十多年没有用过的小家电，孩子小时候玩的小布偶，以及许多完全被抛在脑后的东西通过这一次也都重见天日了。在这些柜门后面，藏着许多好久没有用到的东西。换句话说，这些东西现在已经用不到了。

由于这家人深切感受到了"狭小的房间不能装满所有生活的回忆"，所以他们对于东西到底是扔还是留做出了更快的判断。

给家里的东西现在是否还需要划一个界限。之后，家里的每一个人通过管理自己的东西，来确定这个界限到底在哪里。看到这家的每个人都负起责任共同管理家庭后，我们非常欣慰地离开了香港。

这档节目由于两周后要追加拍摄素材，我们又去了一次香港，所以我也可以由此得知香港这家的后续状况。曾经乱七八糟的客厅变得十分整齐，一眼望去非常舒服；家人的活动路线也变得更加方便。

希望大家都可以做到"取、分、减、收"，用轻松、愉快的心情面对自己的生活。

瑞典的整理纪行

　　2017 年 10 月，我又获得一次机会，得以再次跟着 NHK 的拍摄组访问北欧的瑞典。瑞典的国土面积有日本的 1.2 倍左右，人口却只有 1000 万。其首都斯德哥尔摩也只有不到 100 万人口，所以是与中国香港正相反的、稀稀疏疏的街道景象。由于瑞典一直以来是中立国，因此其城市也免于战火破坏，许多百年以上的古建筑得以留存，与现代建筑一起矗立于街道之上。由于瑞典的公共休息日很多，所以瑞典人有很多时间在家里休息。由于房价基本不升不降，没什么变动，所以许多年轻情侣组成家庭后，可以早早买到房子开始生活。甚至许多人把老房子装修一下，就可以入住。瑞典基本没有什么地震，所以买房子的时候也没什么顾虑。

　　瑞典是福利型社会，虽然税额相对高一些，但是医疗和教育都不需要担心。由于社会保障面面俱到，不需要担心将来的事情，所以瑞典仅有 1.4% 的全职主妇，是典型的男女平等社会。在公园里，推着婴儿车的大多都是在休陪产假的男性。在瑞典，请人做家务的一半费用是由国家出钱，所以许多女性回家后家里已经收拾整齐、男主人已经做好饭菜等着女主人。在瑞典，人们普遍认为男女平等，夫妻双方应该共同支撑家庭。

　　瑞典的日常用品大多也都有着出色的设计，无论是经典复古的款式，还是有着新颖设计的样式。而且，瑞典人悠闲的工作效率也值得一提。大多数公司在上午十点到下午三点之间都会泡咖啡，然后所有人围在一起喝咖啡休息。对于他们来说，一天最多工作三小时，这与日本的习惯完全不同。

　　即使瑞典的生活十分有品位，工作节奏也十分舒适，但是在瑞典，许多家庭也有着全世界共同的烦恼：不会收拾屋子。由于在瑞典的文化中没有"家庭主妇"一说，所以家里的打扫、整理工作的分工常常非常模糊。我们听说瑞典的南部城市马尔摩，有一家的女主人由于平时需要上班，回家后家里也总是乱七八糟的，所以我们前去拜访。

女主人在大学里有一份全职工作，男主人是高中的老师，并且兼职做插画师。家里还有 4 个顽皮的孩子，最大的才 10 岁。家里四处散落着孩子们的各种玩具。他们住的二手房虽然有三个客厅，但是每个房间的地上都堆着各种乱七八糟的东西。

最让我惊讶的还是玄关。一开门，首先映入眼帘的就是扔得到处都是的鞋子，让我们根本没有地方落脚。瑞典很少有人用鞋架，所有的鞋都是脱了之后就扔在一边。与在中国香港的时候一样，我首先做的事情就是把所有的鞋都找出来，掌握总量的多少。接下来，我和这家人开始一起整理这些鞋子。有好多明明是刚买的却被忘在角落里的鞋子，还有许多双型号、样式一模一样的鞋子。虽然说无论是哪个国家的人，大多都对自己有什么样的鞋没什么概念，只是看着便宜就买了，但是能够在这家找出一百多双鞋，着实吓到我了。我让这家人找出"现在想穿的鞋"，并把这些鞋放在架子上，一个整洁的玄关很快就呈现了出来。

一个家庭仅靠父母来整理，当然是不够的。今后日本社会中夫妻双方都需要出去工作的情况会越来越多，因此最好创造一个让孩子也能一起动手做家务的家庭环境。

结语

想让每天的生活变得轻松而丰富——到了 50 多岁的年纪，这是我唯一的心愿。

孩子们独立了，先生也即将退休，我们夫妇二人的时光变得更多了。在逐渐空旷的家里，时光静静流淌。

想要在人生的路上轻装上阵，首先就要减少自己的行李。控制所拥有的物品的数量，让自己能够对于"有哪些东西""放在哪里""有多少"做到心里有数。超出这个范围的东西就扔掉，做轻松愉快的自己。

走到人生的后半程，自己剩余的资源（体力、精力、时间、金钱等）已隐约可见。要让这些资源发挥最大效用，就要好好改变自己的生活方式。而 50 多岁，正是开展这项工作的好时期。

不想被物品所支配的话，"不买""少买"这种控制物品流入的行为也很重要。前段时间由于工作原因我去了一趟北欧，看到了很多可爱的小杂货和布料，但是我只买了一点点。其中买得最干脆的就是一个清理电脑键盘的小刷子，既实用又美观，今后也会成为我的爱用物品。

"舍不得扔掉""不想去整理"，会这样想的人，应该都是很温柔的人吧。人际关系、生活习惯、物品，明明已经知道自己不再需要了，一想到要扔掉就充满了罪恶感，无法忍受一刀两断的痛苦。这时候，可以换一个角度，想想当生活达到了"合适的物品归置到合适的位置"的状态时，脸上会浮现的满足的表情。为自己减负，掌握自己生活的节奏，今后我希望能从这个角度为大家提出更多建议。

用实拍照片来介绍我家最真实的样子虽然只是一个小小的案例，但对于看到这本书的朋友，如果这本书能够成为你重新思考生活方式的一个契机，那将是我最开心的事。

　　最后，在写作本书时，提到了很多我帮助整理收纳过的客户的案例，在此对大家的支持表示衷心感谢。

井田典子

图书在版编目（ＣＩＰ）数据

　　家的整理：拯救人生的整理法则 ／（日）井田典子
著；曾妙妙译. -- 南京：江苏凤凰文艺出版社，
2020. 8（2024.8重印）
　　ISBN 978-7-5594-4982-5

　　Ⅰ. ①家… Ⅱ. ①井… ②曾… Ⅲ. ①家庭生活 – 通
俗读物 Ⅳ. ①TS976.3-49

　　中国版本图书馆CIP数据核字(2020)第111618号

_____

版权局著作权登记号：图字 10-2020-261

"HIKIDASHI 1TSU" KARA HAJIMARU! JINSEI WO SUKUU KATADUKE

家的整理：拯救人生的整理法则

[日] 井田典子　著　　曾妙妙　译

责任编辑　　王昕宁

特约编辑　　周晓晗　王　瑶

责任印制　　刘　巍

出版发行　　江苏凤凰文艺出版社

　　　　　　南京市中央路165号，邮编：210009

网　　址　　http:// www.jswenyi.com

印　　刷　　天津联城印刷有限公司

开　　本　　880毫米×1230毫米　1/32

印　　张　　5.25

字　　数　　134千字

版　　次　　2020年8月第1版

印　　次　　2024年8月第7次印刷

书　　号　　ISBN 978-7-5594-4982-5

定　　价　　48.00元